AF567486

Hansch

COACHING FÜR HUNDETRAINER

Alexandra Hansch

COACHING FÜR HUNDETRAINER

Erfolgreich kommunizieren mit Hundehaltern

77 Farbfotos
14 Zeichnungen

Inhalt

Vorwort von Thomas Riepe 6

Einleitung 7

Kommunikation 8

Grundlagen der Kommunikation 9
Die richtige Kommunikation ist wichtig 17

Gesprächsarten und Lehrmethoden 19

Aufbau von Gesprächen 19
Small Talk 23
Lehrgespräche 24
Vier-Stufen-Methode 25
Zielvereinbarungsgespräche 28
Konfliktgespräche 29
Kündigungsgespräche 31
Motivation, Motivationsgespräche und -techniken 33
Das Motivationsgespräch 39
Weitere Motivatoren 40
Theoretischer Gruppenunterricht 41

Frage- und Gesprächstechniken 45

Small-Talk-Fragen 46
Einstiegsfragen 46
Offene und geschlossene Fragen 48
W-Fragen 48
Lösungsorientierte Fragen und Gespräche 50
Alternativfragen 52
Paraphrasieren 54
Verbalisieren 54
Fragen im Unterricht 54

Redekompetenzen, Stolpersteine, Lösungsvorschläge 58

Der eigene Sprachgebrauch 58
Wie rede ich? 59
Sprechen üben 60
Souverän im Unterricht 62

Umgang mit unterschiedlichen Gesprächstypen 66

Der Redselige 67
Der Schweigsame 68
Der Wissbegierige 68
Der Neunmalkluge 69
Der Optimist 70
Der Pessimist 70

Der Erstkontakt 72

Am Telefon 72
Ein Besucher auf dem Hundeplatz 73
Einen neuen Kunden in die Gruppe integrieren 74
Beim Kunden zu Hause 75
Die Anamnese 80
Übungsbeispiele 91
Lösung der Übungsbeispiele 92

Das Einzeltraining 95

Warum Einzeltraining? 95
Wann ist Einzeltraining sinnvoll? 96
Vorteile und Nachteile des Einzeltrainings 96
Vorbereitung 97
Das Wohlfühlland 98
Ablauf des Trainings schildern 99
Das Training 99
Die Hausaufgabe 101

Gruppenunterricht 103

Vorbereitung 104
Vor dem Training 117
Das Training 118
Die Hausaufgabe 119
Prüfungen 120

Kinder unterrichten 121

Unterrichtsmethoden 122
Unterrichtsinhalte 126
Mitgestaltung 127
Alter der Kinder und Gruppengröße 128
Die Eltern 129
Der Hund 129

Beziehungen pflegen und Probleme lösen 131

Aufbau und Erhalt einer guten Kundenbeziehung 132
Kundenbeziehungen pflegen 134
Wenn Kunden nicht mehr kommen 136
Kunden ablehnen 138
Souveräner Umgang mit Kritik und Beschwerden 141
Sicherheit im Einzeltraining 141
Unangenehme Themen ansprechen 143
Mit Selbstzweifel und Unsicherheiten umgehen 145
„Nein“ sagen lernen 147
Gekonnt kontern – Sprachlosigkeit vermeiden 150
Kollegiale Beratung 155

Service 164

Dank der Autorin 164
Über die Autorin 164
Literatur 165

Vorwort

Wir leben in einer Zeit, in der Hunde immer größere Bedeutung für Menschen erhalten. Das hat auch zur Folge, dass Hundehalter immer mehr Hilfe bei Hundetrainern suchen, um den gesellschaftlichen Ansprüchen, die an sie gestellt werden, genügen zu können.

Um Hundehalter kompetent anleiten zu können, muss der Hundetrainer daher auch die zwischenmenschliche Kommunikation verstehen und beherrschen.

Dadurch wird der Beruf des Hundetrainers immer anspruchsvoller. Nicht nur das Training des Hundes muss beherrscht werden, das Coaching des Menschen ist ein immer größerer Teil des Berufsbildes eines Hundetrainers. Leider – und das muss man klar zum Ausdruck bringen – sind viele Hundetrainer in dem Bereich aber nicht genügend qualifiziert. Daher kommt das Buch von Alexandra Hansch zum richtigen Zeitpunkt.

In diesem Buch werden unterschiedliche Gesprächs- und Fragetechniken vorgestellt, die im Alltag der Hundeschule relevant sind. Es werden Lehrmethoden aufgeführt, die dem Trainer helfen, Hundehalter fachlich anleiten zu können. Der Umgang mit den unterschiedlichen Gesprächstypen wird aufgegriffen, damit der Trainer einschätzen kann, was für einen Kunden er vor sich hat und wie er am effektivsten auf ihn eingeht. Der richtige Aufbau von Einzel- und Gruppentraining wird in kleinen Schritten erklärt, ein ausführlicher Anamnese-Fragebogen mit Fallbeispielen und Übungsaufgaben ist ebenfalls enthalten. Weiter gibt es Lösungen für knifflige Situationen, unangenehme Themen, Umgang mit Kritik, Nein sagen lernen und was tun bei Sprachlosigkeit. Auch der Umgang mit Selbstzweifeln, wie sie entstehen und wie damit umzugehen ist, ist ein Thema im Buch.

Alexandra Hansch ist ein Buch gelungen, das mit viel fachlichem Wissen, aber verständlich geschrieben, Hundetrainern eine gute und wichtige Hilfe an die Hand gibt, ihr Wissen im Bereich Menschen-Coaching zu verbessern. Trotz aller fachlicher Erläuterungen ist das Buch flüssig geschrieben und man denkt keine Sekunde daran, es beiseitezulegen – was für ein Fachbuch ein wichtiges Qualitätsmerkmal ist. Zudem kann man bei jeder Zeile feststellen, dass Alexandra Hansch ihr Coaching-Handwerk versteht. Aber nicht nur das – weil sie ebenfalls als Hundetrainerin arbeitet, weiß sie insgesamt, wovon sie spricht. Das macht das Buch zu einem runden Projekt, das mit viel Fachwissen in einem gut lesbaren, verständlichen und sympathischen Stil geschrieben wurde und leicht zu konsumieren ist. Nach meiner Meinung wurde hier zu der Thematik ein Standardwerk geschaffen, das im Bücherschrank eines Hundetrainers nicht fehlen sollte.

Thomas Riepe

Einleitung

„Es hört doch jeder nur, was er versteht.“
Johann Wolfgang von Goethe (1749–1832)

Den Hund zu trainieren ist kein Problem, aber wie erkläre ich es dem Besitzer? Kommt Ihnen das bekannt vor? Während der Ausbildung zum Hundetrainer werden umfangreiche Kenntnisse über Hunde und deren Kommunikation vermittelt. Wichtige Inhalte, die dem Hundetrainer helfen, Hundeverhalten einschätzen zu können und den Hundehalter entsprechend anzuleiten. Aber wie genau leitet man den Hundeschulkunden richtig an? Wie werden Fragen richtig formuliert und Gespräche strukturiert aufgebaut? Wie geht man mit den unterschiedlichen Charakteren von Hundebesitzerin um und was unterscheidet Einzel- und Gruppentraining in Aufbau und Durchführung? Wie baut man eine gute Beziehung zum Kunden auf und wie geht man richtig mit Kritik um?

Zum Thema Kommunikation und Gesprächstechniken gibt es eine Menge sehr guter Fachliteratur. Das Ziel dieses Buches ist es, die für Hundetrainer im Kundenkontakt relevanten Techniken in einem Werk gesammelt aufzugreifen und anhand von Fallbeispielen anschaulich zu erläutern. Hat man sich mit den verschiedenen Methoden einmal auseinandergesetzt, diese verinnerlicht und in unterschiedlichen Situationen angewandt, kann man sich besser auf den Kunden einlassen und ihn kompetenter anleiten. Schlussendlich kommt dies dem Hund zugute, denn wenn Trainer und Kunde einander „verstehen“, kann auch das Training effektiver gestaltet werden.

Kommunikation

Fragt man einen Hundetrainer, was ihm zum Thema Kommunikation einfällt, wird er wahrscheinlich sofort einen mehrminütigen Vortrag über Hund-Hund-Kommunikation halten können. Kommunikation ist wichtig für die Interaktion und das Zusammenleben von Hunden, für das Aufeinandertreffen während der Gassirunde und um Unstimmigkeiten klären zu können. Hunde kommunizieren untereinander mit kleinsten Veränderungen in der Körperhaltung und Mimik. Hundetrainer können die Hunde „lesen" und verstehen, was der Hund sagen will, wenn er zum Beispiel die Rute aufrichtet, die Ohren nach hinten klappt oder plötzlich in der Bewegung einfriert.

Wie sieht es aber mit dem Verständnis der Mensch-Mensch-Kommunikation aus, die für unseren Beruf genauso wichtig ist? Schließlich trainieren Hundetrainer nur zu einem kleinen Teil wirklich die Hunde. Der weitaus größere Part besteht darin, mit den Besitzern zu kommunizieren, sie zu verstehen und anzuleiten. Genauso wie Hundetrainer während der Ausbildung die Kommunikation unter Hunden gelernt haben, sollte sich jeder Trainer daher auch mit der zwischenmenschlichen Kommunikation beschäftigen, um seinen Beruf kompetent ausüben zu können.

„Ich bin unsicher und gestresst" – was dieser Hund sagen will, versteht jeder Hundetrainer. Wie sieht es aber mit dem Verständnis der menschlichen Kommunikation aus?

Grundlagen der Kommunikation

Aber was ist Kommunikation eigentlich? Laut Definition ist Kommunikation die Verständigung zwischen Menschen mithilfe von Sprache oder Zeichen. Kommunikation kann bittend sein, auffordernd, belehrend oder fragend, sie kann Gefühle wie Wut, Trauer oder Freude ausdrücken. Egal um welche Art der Kommunikation es sich handelt, immer werden Informationen ausgetauscht und Reaktionen erwartet. Es findet eine Interaktion statt.
Um Kommunikationskonflikte zu vermeiden, ist es für Menschen, die mit Menschen arbeiten, hilfreich, sich mit den unterschiedlichen Kommunikationsmodellen zu beschäftigen. Zwei Modelle, die ich für das Hundetraining für wichtig erachte, sind die von Schulz von Thun und Watzlawick, die ich im Folgenden erläutere.

Reibungslose Kommunikation: Die Hundehalterin sieht die Hundetrainerin an, spricht dabei und zeigt auf ihren Hund. Die Hundetrainerin hört aktiv zu, indem sie den Kopf etwas neigt und interessiert ist.

Vier-Ohren-Modell von Schulz von Thun

Mit dem Vier-Ohren-Modell (auch „Vier-Seiten-Modell" oder „Nachrichtenquadrat" genannt) beschreibt der Psychologe und Kommunikationswissenschaftler Friedemann Schulz von Thun eine Nachricht unter vier Aspekten: Sachinhalt, Selbstoffenbarung, Beziehung und Appell.

Spreche ich als Trainer mit einem Kunden, enthält jede Aussage – ob ich will oder nicht – diese vier Botschaften:

Sachinhalt: Worüber ich informiere

Auf der Sachebene vermittelt der Sprecher Daten, Fakten und Sachverhalte. Aufgaben des Sprechers sind Klarheit und Verständlichkeit des Ausdrucks. Mit dem „Sach-Ohr" prüft der Hörer die Nachricht mit den Kriterien der Wahrheit (wahr/unwahr), der Relevanz (von Belang/belanglos) und der Hinlänglichkeit (ausreichend/ergänzungsbedürftig). In einem eingespielten Team verläuft dies meist problemlos.

Selbstoffenbarung: Was ich von mir selbst kundgebe

Jede Äußerung bewirkt eine nur teilweise bewusste und beabsichtigte Selbstdarstellung und zugleich eine unbewusste, unfreiwillige Selbstenthüllung. Jede Nachricht kann somit zu Deutungen über die Persönlichkeit des Sprechers verwendet werden. Das „Selbstoffenbarungs-Ohr“ des Hörers lauscht darauf, was in der Nachricht über den Sprecher enthalten ist (Ich-Botschaften).

Beziehung: Was ich von dem Gesprächspartner halte oder wie wir zueinander stehen

Auf der Beziehungsebene kommt zum Ausdruck, wie der Sprecher und der Hörer sich zueinander verhalten und wie sie sich einschätzen. Der Sprecher kann – durch die Art der Formulierung, seine Körpersprache, Tonfall und anderes – Wertschätzung, Respekt, Wohlwollen, Gleichgültigkeit, Verachtung in Bezug auf den anderen zeigen. Abhängig davon, was der Hörer im „Beziehungs-Ohr“ wahrnimmt, fühlt er sich entweder akzeptiert oder herabgesetzt, respektiert oder bevormundet.

Appell: Wozu ich veranlassen möchte

Wer sich äußert, will in der Regel auch etwas bewirken. Mit dem Appell will der Sprecher den Hörer veranlassen, etwas zu tun oder zu unterlassen. Der Versuch, Einfluss zu nehmen, kann offen oder verdeckt sein. Offen sind Bitten und Aufforderungen. Verdeckte Veranlassungen werden als Manipulation bezeichnet. Auf dem „Appell-Ohr“ fragt sich der Empfänger: Was soll ich jetzt denken, machen oder fühlen?

Für unsere Kommunikation bedeutet das, dass es viel Raum für Missverständnisse gibt.

Jede Aussage enthält vier Botschaften: Sachinhalt, Selbstoffenbarung, Beziehung und Appell.

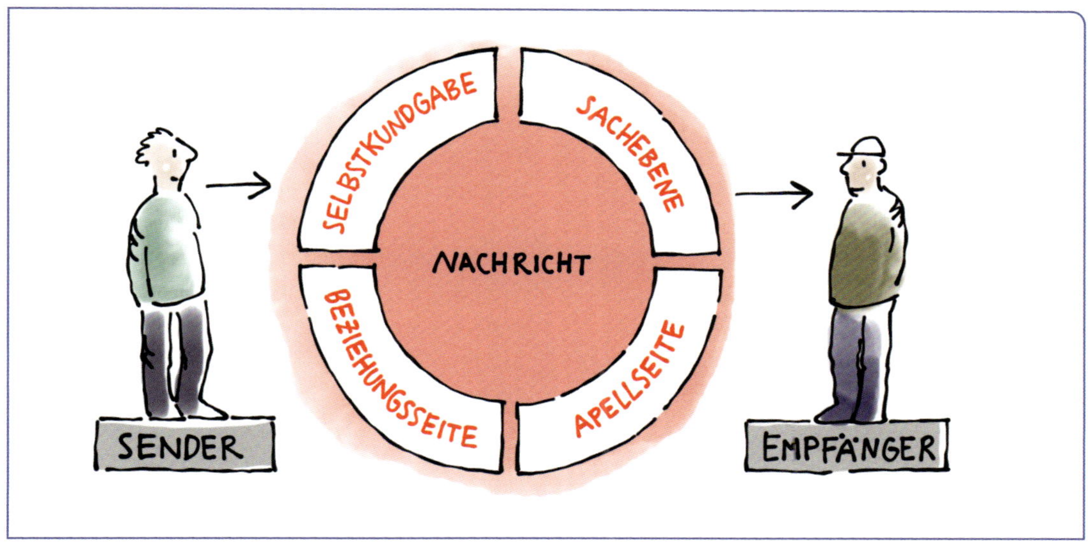

Das Vier-Ohren-Modell von Friedemann Schulz von Thun.

Wenn wir unseren Gesprächspartner nicht genau kennen, wissen wir häufig nicht, wie diese oder jene Aussage gemeint ist. In der Kommunikation mit dem Hundehalter sollten Sie sich als Trainer daher immer darüber bewusst sein, dass Aussagen auf vier unterschiedliche Weisen interpretiert werden können.

Beispiel: Der Hundetrainer fragt den Kunden: „Hast du etwas am Training verändert?"

Sachebene: Das Training ist anders als sonst.

Selbstoffenbarung: Der Trainer ist aufmerksam und bemerkt, dass etwas anders ist. Das gefällt ihm/gefällt ihm nicht.

Beziehungsebene: Trainer und Kunde haben ein gutes Verhältnis, das den Raum für eine solche Frage ermöglicht.

Appell: Trainiere beim nächsten Mal wieder so wie jetzt/wieder so wie vorher.

Die fünf Axiome von Paul Watzlawick

Der Kommunikationswissenschaftler Paul Watzlawick (1921–2007) sagte: Kommunikation ist der Austausch von Informationen mithilfe von Sprache und Zeichen zwischen einem Sender und einem oder mehreren Empfängern. Vereinfacht gesprochen also die Unterhaltung durch Sprache zwischen zwei Menschen, aber auch die Verständigung mit Zeichen oder Blicken. Paul Watzlawick stellte fünf Grundregeln – die pragmatischen Axiome – auf, die zeigen, wie eng Kommunikation mit Beziehung und Emotion verknüpft ist:

1. Man kann nicht nicht kommunizieren

„Man kann nicht nicht kommunizieren, denn jede Kommunikation (nicht nur mit Worten) ist Verhalten, und genauso, wie man sich nicht nicht verhalten kann, kann man nicht nicht kommunizieren." (Paul Watzlawick, ebenso die weiteren Axiome.)

Nehmen wir als Beispiel eine alltägliche Situation aus dem Hundetraining. Sie suchen gerade einen Freiwilligen für eine Übung und fragen: „Wer möchte das vormachen?“ Vor Ihnen stehen sechs Hundehalter. Einer tritt sofort einen Schritt nach vorn, um zu signalisieren, dass er die Übung machen würde. Der zweite zeigt seine Bereitschaft durch Armheben an. Der dritte sucht den Blickkontakt zum Trainer und wiegt zögerlich den Kopf von links nach rechts. Der vierte wendet den Blick ab und schaut stumm auf den Boden. Der fünfte fängt an, mit seinem Hund zu sprechen und ihn zu fragen, ob sie die Übung wagen wollen. Der sechste stellt noch eine Frage zu der Übung. Die Kommunikationsmöglichkeiten ließen sich noch endlos fortführen.

Man kann nicht nicht kommunizieren.

Egal, wie der Kunde sich auf diese Frage hin verhält, er kommuniziert *immer* und wir Trainer können daraus lesen, was der Kunde uns sagen möchte. Bei den genannten Beispielen ist es recht einfach. Die Kunden, die sich durch Vortreten oder Armheben melden, möchten die Übung machen. Der Kunde, der den Kopf wiegt, ist noch zögerlich und wartet lieber auf einen anderen Freiwilligen. Eine Frage signalisiert Bereitschaft, aber Unklarheiten sollen noch beseitigt werden. Der vierte, der den Blick abwendet, zeigt damit deutlich, dass er nicht angesprochen werden will. Viele kennen dieses Verhalten vielleicht noch aus dem Schulunterricht – Weggucken bedeutet: Ich möchte nicht angesprochen werden. Der Kunde, der anfängt, mit seinem Hund zu sprechen, ist eigentlich auch noch unsicher. Er möchte ablenken und hofft, dass vielleicht jemand anderes zuerst drankommt, weil er ja gerade beschäftigt ist.

Sie sehen: Mit einer einzigen Frage startet die Kommunikation in die unterschiedlichsten Richtungen. Als Hundetrainer sollten wir die wichtigsten Kommunikationstechniken kennen, um unsere Kunden zu verstehen und lesen zu können und um das Training für jeden zufriedenstellend und zielführend gestalten zu können.

2. Jede Kommunikation hat einen Inhalts- und einen Beziehungsaspekt

„Jede Kommunikation hat einen Inhalts- und einen Beziehungsaspekt, wobei letzterer den ersten bestimmt.“

Dieses Axiom verdeutlicht, dass es in der Kommunikation bei Weitem nicht nur um Inhaltsvermittlung geht, sondern immer auch um die Beziehung der Gesprächspartner. Eine rein informative Kommunikation gibt es nicht.

Wer möchte die Übung vorführen?

Auch wenn eine Aussage oder Frage auf den ersten Blick rein sachlich erscheint, wird durch Tonfall, Mimik und Gestik immer auch die Beziehung zum Gegenüber erkennbar und löst verschiedene Reaktionen aus:

- Bestätigung (die Aussage wird als Kompliment verstanden)
- Verwerfung (die Aussage wird fallen gelassen, da sie als negativ empfunden wurde)
- Entwertung (der Sprecher und seine Aussage werden entwertet)

Wenn eine negative Beziehung auf der Inhaltsebene ausgetragen wird, kann dies eine gestörte Kommunikation zur Folge haben. Dies gilt nicht nur für unser Privatleben, sondern spiegelt sich auch im Berufsleben wider. Wir besuchen schließlich auch lieber Seminare von Dozenten, mit denen wir auf einer „Wellenlänge" sind, als Vorträge von uns unsympathischen Dozenten, obwohl diese fachlich genauso versiert sind, oder?

Genauso ist es im Hundetraining. Ist Ihnen ein neuer Kunde von Beginn an unsympathisch (oder Sie ihm), ist es schwer, ein erfolgreiches Training zu gestalten. Auch die Beziehung zu einem schon lange bekannten Kunden kann sich plötzlich und aus für Sie unerklärlichen Gründen verändern. In beiden Fällen ist es wichtig, dies anzusprechen, um die Ursache zu klären und in Zukunft ohne kommunikative Fehlinterpretationen arbeiten zu können.

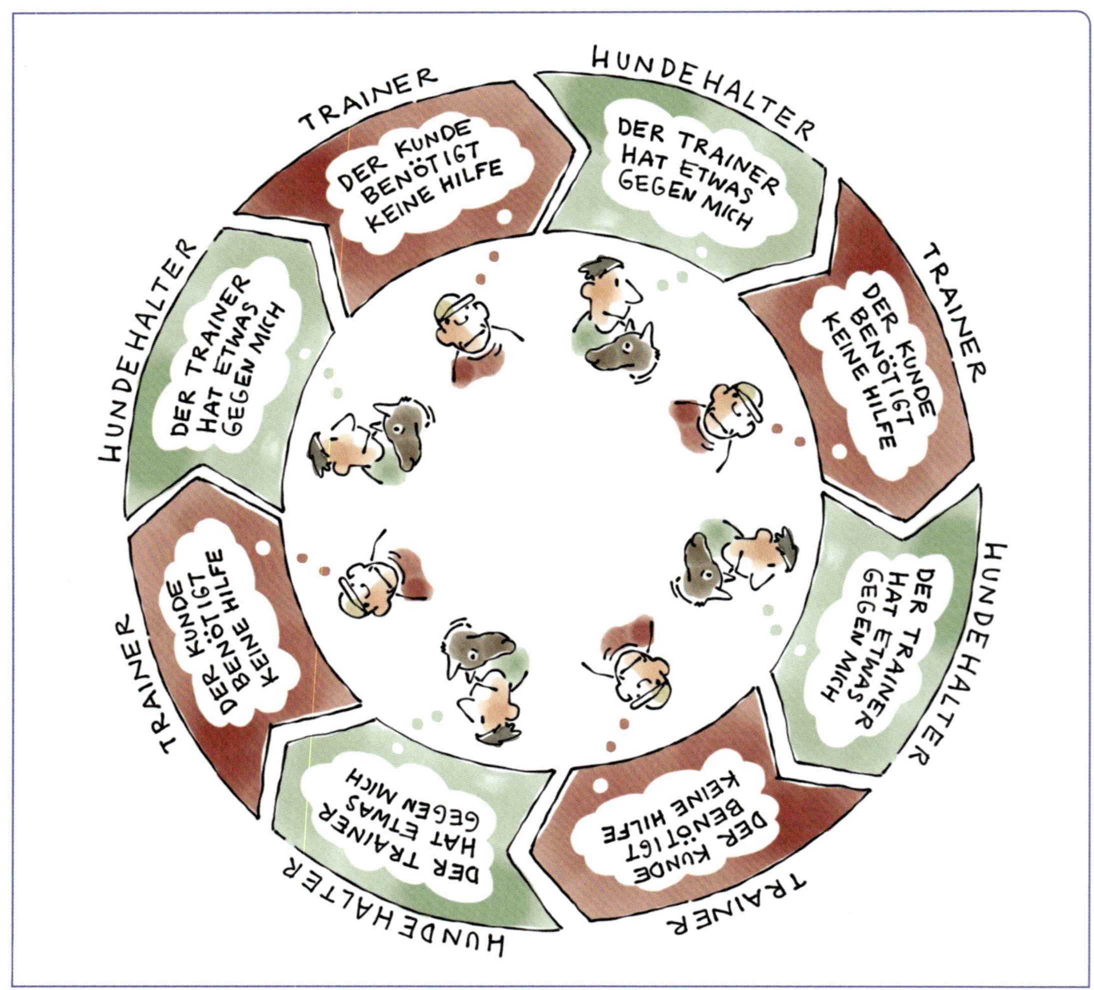

Verhaltenskette nach Watzlawick.

3. Kommunikation ist immer Ursache und Wirkung

„Die Natur einer Beziehung ist durch die Interpunktion der Kommunikationsabläufe seitens der Partner bedingt."

Auch hier lassen sich Regeln festhalten. Jeder Teilnehmer einer Interaktion gibt der Beziehung eine Struktur. Auf jeden Reiz folgt eine Reaktion (Verhaltenskette).

Jeder Reiz ist zugleich auch Kommunikation, da eine Kommunikation kreisförmig verläuft. Es gibt keinen Anfangspunkt.

Watzlawick sagt, dass jeder Mensch sich seine Wirklichkeit selbst konstruiert. Dies geschieht durch unterschiedlichste persönliche Erfahrungen, die wir subjektiv wahrnehmen, aber als objektiv betrachten.

Beispiel: Ein Hundehalter zieht sich immer mehr zurück, weil der Trainer ihn im Unter-

Fehlinterpretation von Verhalten: Der Hundetrainer denkt, der Hundehalter benötigt keine Hilfe. Hundehalter denkt, der Trainer hat was gegen ihn.

richt nicht beachtet und sich vermeintlich nur mit den anderen Teilnehmern beschäftigt. Der Trainer dachte jedoch, der Hundehalter möchte und benötigt keine Unterstützung, weil er sich für die Übungen immer etwas von den anderen entfernt, keinen Blickkontakt sucht und die gestellten Aufgaben souverän alleine meistert. Durch die subjektive Wahrnehmung beider kommt es zu einer gestörten Kommunikation. Beide verhalten sich so, weil sie das Verhalten des anderen fehlinterpretieren. Der Trainer beachtet den Kunden nicht, weil er denkt, er möchte keine Hilfe. Der Kunde beachtet den Trainer nicht, weil er denkt, er hat etwas gegen ihn. Ein Teufelskreis. Klärt sich diese missverstandene Situation nicht, wird es für Trainer und Kunden immer unangenehmer und sie kann letztlich zum Trainingsabbruch des Kunden führen.

4. Menschliche Kommunikation bedient sich analoger und digitaler Modalitäten

Watzlawick differenziert in der menschlichen Kommunikation zwischen analoger und digitaler Kommunikation. Digitale Kommunikation ist das gesprochene Wort, also das Übermitteln von Wissen, die Inhaltsebene. Analoge Kommunikation beschreibt die Beziehungsebene, das nicht gesprochene Wort. Sie besteht aus Gestik, Mimik und Tonfall.

Beispiel: Ein Hundetrainer steht auf dem Platz und leitet eine Gruppe an. Fachlich und inhaltlich ist alles, was er sagt, korrekt (digitale Kommunikation) Er spricht jedoch sehr monoton, mit ernster Miene, ohne ein Lächeln. Die Arme hängen hinunter und er gestikuliert nicht (analoge Kommunikation)

Digitale und analoge Kommunikation stimmen nicht überein.

Kommunikation in Hierarchien.

Kommunikation auf Augenhöhe.

Obwohl der Trainer die Kunden fachlich richtig anleitet, erweckt er den Eindruck, schlecht gelaunt zu sein oder keine Lust auf den Unterricht zu haben. Das Beispiel macht deutlich, dass in der Kommunikation mit dem Kunden immer auf die Beziehungs- und Inhaltsebene gleichzeitig geachtet werden muss, damit es nicht zu Missverständnissen kommt. Stimmt die analoge und digitale Kommunikation nicht überein, irritiert dies den Kunden.

5. Kommunikation ist symmetrisch oder komplementär

„Zwischenmenschliche Kommunikationsabläufe sind entweder symmetrisch oder komplementär, je nachdem, ob die Beziehung zwischen den Partnern auf Gleichgewicht oder Unterschiedlichkeit beruht."

Je nachdem, ob die Beziehung zwischen zwei Menschen auf Gleichgewicht oder Unterschiedlichkeit beruht, spricht Watzlawick von symmetrischer oder komplementärer Kommunikation. Befindet sich eine Beziehung auf Augenhöhe, ist sie symmetrisch. Die Partner bemühen sich, Ungleichheiten zu minimieren. Man spricht auch von einem spiegelhaften Verhalten und dem Streben nach Gleichheit. Symmetrische Beziehungen findet man häufig bei Freunden, Geschwistern, aber auch in Partnerschaften.

Besteht die Beziehung aus Unterschiedlichkeit, spricht man von einem komplementären Verhältnis. Hier hat häufig ein Partner die Oberhand, der andere ordnet sich unter. Diese Art der Kommunikation findet man dann, wenn sich beide in spezifischen Rollen befinden wie Arbeitgeber/Arbeitnehmer, Lehrer/Schüler, Eltern/Kind, aber auch in Partnerschaften.

Die Sprichwörter „Gleich und gleich gesellt sich gern" und „Gegensätze ziehen sich an" widersprechen sich somit nicht. Je nachdem, wie zwei Menschen zueinander stehen, können sie beide zutreffen.

Geht man nach Watzlawick, ist die Kommunikation zwischen Trainer und Kunden also komplementär. Es handelt sich um ein Lehrer-Schüler-Verhältnis. Der Trainer vermittelt Wissen an den Kunden, er bestimmt die Abläufe auf dem Hundeplatz und gibt Anweisungen. Der Hundehalter folgt diesen Regeln. Zusätzlich findet jedoch immer auch symmetrische Kommunikation statt. Vor und nach dem Unterricht führt man Small Talk, unterhält sich über Unternehmungen am Wochenende oder einen geplanten Urlaub. Ich halte es für enorm wichtig, mit dem Kunden auf Augenhöhe zu kommunizieren, um ein gutes Verhältnis und Vertrauen zueinander aufzubauen, denn das ist die Grundlage für ein erfolgreiches Training.

Die beiden genannten Kommunikationsmodelle bieten einen kurzen Einblick, um ein Gefühl dafür zu bekommen, wie Kommunikation funktioniert. Es gibt noch viele weitere Modelle, die hier aber den Rahmen sprengen würden.

Die richtige Kommunikation ist wichtig

Als Hundetrainer wollen wir Menschen helfen, ihren Hund besser zu verstehen und Schwierigkeiten in der Mensch-Hund-Beziehung zu verbessern oder auch von vornherein zu vermeiden. Mit Hundeverhalten kennen wir uns aus, schließlich ist das unser Beruf. Bei unserer Arbeit kommunizieren wir jedoch weitaus mehr mit dem Menschen als mit dem Hund. Durch gezielte Fragetechniken müssen wir zuerst herausfinden, worin das Problem besteht und wie es entstanden ist, um dem Hundebesitzer dann Lösungswege aufzuzeigen und im Anschluss einen Trainingsplan zu erstellen.

Um mit dem Menschen erfolgreich arbeiten zu können, ist es hilfreich, die Grundlagen der Kommunikation zu beherrschen, um sich optimal auf das Gegenüber einlassen zu können. Fragen müssen gestellt und beantwortet werden, es muss Anleitung für Trainingsschritte gegeben und auch mal korrigiert werden. Auch die richtige Motivation ist wichtig, um den Hundehalter zu bestärken. Vieles machen wir sicherlich aus dem Bauch heraus schon richtig, professionelles Anleiten zeichnet sich aber zusätzlich durch ein fundiertes Basiswissen an Kommunikationstechniken aus. Nur so lässt sich der Trainingsverlauf jederzeit steuern, beeinflussen und lenken.

Kommunikation mit Hundebesitzern

Die Kommunikation und das Training mit Hundebesitzern, egal ob einzeln oder in der Gruppe, ist deshalb so anspruchsvoll, weil wir uns immer wieder auf neue Situationen einstellen müssen. Ist es doch manchmal schon anstrengend genug, sich mit einem neuen Kundenhund und dessen Eigenschaften zu befassen, so müssen wir auch noch auf die unterschiedlichsten Menschtypen eingehen können. Überlegen wir einmal, was für Menschen an einem normalen Trainingstag auf unserem Platz stehen: gut gelaunte, schlecht gelaunte, euphorische, deprimierte, optimistische, pessimistische, im Mittelpunkt stehen wollende, schüchterne, provokante, redselige, schweigsame, wissbegierige, neunmalkluge, selbst ernannte Hundeexperten, gebildete und ungebildete, Einzelpersonen und Familien, Mutti von Mopsi und Herrchen von Brutus, Menschen mit unterschiedlichen Ausbildungsansichten und Futterreligionen, Agility-Fanati-

Im Hundetraining treffen wir auf die unterschiedlichsten Menschentypen und Stimmungen.

ker versus Mantrailing, Pudelpuschelmutti und Bordercolli-im-Schafstall-Halter, Modepüppchen und Outdoorfreak, Arm und Reich, alles auf einmal wollende, Trainingsmuffel und Lieblingskunde. Die Liste ließe sich endlos fortführen und macht deutlich, auf was wir alles vorbereitet sein müssen.

Wir müssen Trainingsschritte einfach erklären, auch mal doppelt oder kleinschrittig, dem Akademiker auch mit Fachbegriffen, damit er sich auf Augenhöhe befindet. Wir müssen ausbremsen, aufbauen, unrealistische Vorstellungen zerstören, fördern und fordern, trösten, loben, durchhalten, umlenken, improvisieren und tolerieren, Hundesprache übersetzen, Fragen stellen, Fragen beantworten und dabei immer höflich und authentisch bleiben. Egal wie toll die Gruppe auch ist, sie ist immer heterogen und muss individuell angeleitet werden. Auch der Einzeltermin ist immer eine neue Herausforderung, denn kein Mensch-Hund-Team gleicht dem anderen und jeder Tag bringt eine andere Situation und Ausgangslage mit sich.

Mit welchen Gesprächsarten, Lehrmethoden und Fragetechniken man die unterschiedlichsten Kunden am besten in das Training einbindet, bearbeiten wir in den nächsten Kapiteln.

Gesprächsarten und Lehrmethoden

Im Hundetraining führen wir mit Kunden täglich unterschiedliche Gespräche. Sie unterscheiden sich im Inhalt, in welcher Situation wir sie führen, zu welchem Anlass und letztendlich natürlich auch darin, welches Ziel wir damit erreichen wollen. Wir erklären und lehren, motivieren, korrigieren und besprechen Trainingsziele. Um auf Augenhöhe und mit Respekt zu kommunizieren, sodass sich beide Gesprächspartner wohlfühlen, ist ein strukturierter Aufbau des Gespräches wichtig.

Aufbau von Gesprächen

Der strukturierte Aufbau von Gesprächen unterteilt sich in drei wesentliche Phasen. Die Gesprächsvorbereitung, die Gesprächsdurchführung und die Gesprächsnachbereitung.

Gesprächsvorbereitung

Man hetzt von Termin zu Termin, von Unterrichtsstunde zu Unterrichtsstunde. Was für einen Hund hat der neue Kunde noch mal, der sich für heute angemeldet hat? Warum klappt es bei Frau Müller nicht, Sam das Platz beizubringen, und wie erkläre ich Familie Huber am besten, dass ein Bernhardiner nicht der passende Hund für jemand im vierten Stock ohne Aufzug ist. Tausend Gedanken tanzen einem durch den Kopf und manches wird dabei vergessen. Eine gute Vorbereitung hilft, sich mit der Situation auseinanderzusetzen und das Gesprächsziel zu erreichen, ohne ins Schlingern zu geraten. Mit den folgenden Fragen können Sie sich optimal auf ein Gespräch vorbereiten.

- Was will ich mit dem Gespräch erreichen?
- Was ist für den Kunden in dem Gespräch wichtig?
- Welche Alternativen kann ich anbieten, wenn der Kundenwunsch nicht realistisch ist?
- Was wurde im Vorfeld schon mit dem Kunden besprochen?
- Welche Teilziele wurden schon erreicht?
- Woran muss noch gearbeitet werden?
- Was ist bisher gut gelungen?
- Was ist nicht so gut gelungen?
- Worin liegen die Gründe für das Erreichen/Nichterreichen der Ziele?
- Welche persönlichen Stärken/Ressourcen bringt der Kunde für das Training mit?
- Wo liegen die Schwächen bzw. Verbesserungsmöglichkeiten?
- Wie hat der Kunde die Teilziele, den Trainingsplan verfolgt?
- Was macht dem Kunden beim Training am meisten Freude?
- Was wird nicht so gerne trainiert?
- Hat der Kunde zusätzlich noch etwas erreicht/geschafft?
- Welche äußeren Einflüsse haben positiv auf das Training eingewirkt?
- Welche äußeren Einflüsse haben negativ auf das Training eingewirkt?
- Kann der Kunde die Ziele mit seinen Mitteln/Fähigkeiten erreichen?
- Was ist das beste mögliche Ergebnis, das ich mit dem Gespräch erreichen kann?
- Was ist das schlechteste mögliche Ergebnis, das ich erreichen kann?
- Was wäre ein akzeptabler Kompromiss?

Alles auf einmal ...

Die aufgeführten Fragen sollen eine Unterstützung zur Durchführung des Gesprächs sein. Sie müssen diese Fragen nicht alle „abarbeiten". Suchen Sie sich einfach die passenden für die jeweilige Situation heraus.

Gesprächsdurchführung

Egal, welche Art von Gespräch Sie führen wollen, als Grundregel gilt immer, dass Sie ungestört sind und genügend Zeit eingeplant haben, um eine intensive Beratung ohne Blick auf die Uhr durchführen zu können. Schaffen Sie zu Beginn eine angenehme Gesprächsatmosphäre durch einen kurzen Small Talk (siehe Seite 23) und beginnen erst dann mit dem eigentlichen Gespräch.

Der Ablauf eines erfolgreichen Gesprächs basiert auf den folgenden Grundregeln:

- Zuhören
- Den Gesprächspartner verstehen
- Fragen stellen
- In Bildern und Beispielen sprechen
- Keine Monologe halten
- Ziele im Auge behalten
- Das Gespräch zusammenfassen
- Das Gespräch positiv beenden

Zuhören

Hören Sie dem Gesprächspartner zu. Lassen Sie sich dabei nicht ablenken und schweifen Sie auch mit den Gedanken nicht ab, wenn er sehr ausführlich berichtet. Signalisieren Sie dabei durch aktives Zuhören wie Kopfnicken oder ein „aha" oder „mhh", dass Sie den Kunden verstehen und ihm folgen.

Den Gesprächspartner verstehen

Überlegen Sie, ob Sie wirklich verstanden haben, was das Gegenüber meint, und haken Sie notfalls nach, wenn Sie unsicher sind. Es kann dabei hilfreich sein, sich in die Situation des Kunden hineinzuversetzen, um seine Sichtweise nachvollziehen zu können.

Fragen stellen

Fragen Sie lieber einmal zu viel als zu wenig nach, um das Anliegen richtig zu verstehen. Vielleicht meinte der Kunde mit seiner Aussage etwas ganz anderes, als Sie verstanden haben. Hier kann es auch hilfreich sein, die Aussagen des Hundehalters in eigenen Worten zu wiederholen, um sicher zu sein, wirklich dasselbe zu meinen (mehr dazu im nächsten Kapitel).

In Bildern und Beispielen sprechen

Erklären Sie dem Kunden bildhaft und anhand von Beispielen, was Sie genau meinen. Der Kunde kann so gedanklich besser folgen und auch komplexere Sachverhalte besser verstehen, als wenn Sie mit Fachbegriffen um sich werfen.

Keine Monologe halten

Nichts ist langweiliger als ein nicht enden wollender Vortrag. Wir alle kennen dies von Reden auf Geburtstagsfeiern oder aus der Schulzeit.

Dem Kunden zuhören und bei Unklarheiten gezielt nachfragen.

Studien haben jedoch bewiesen, dass schon nach spätestens 40 Sekunden niemand mehr richtig zuhört und mit den Gedanken abschweift. Fassen Sie sich daher kurz und konzentrieren sich auf das Wesentliche. Bilden Sie kurze, einfache Sätze und binden Sie den Kunden durch Nachfragen aktiv in das Gespräch mit ein.

Ziele im Auge behalten

Schnell ist man im Gespräch bei einem anderen Thema. Der Kunde berichtet vom letzten Ausflug in die Berge oder soll für die Nachbarin noch schnell nachfragen, ob es Lumpi wirklich schadet, sonntags mal ein Stückchen vom Kuchen zu bekommen. Auch wenn das Gespräch etwas abschweift, fokussieren Sie sich immer wieder auf das eigentliche Thema und lenken das Gespräch geschickt wieder in die richtige Richtung, um das Gesprächsziel nicht aus den Augen zu verlieren.

Das Gespräch zusammenfassen

Während des Gesprächs geben Sie viele Informationen an den Kunden weiter. Auf der anderen Seite stehen wahrscheinlich viele Fragen des Kunden. Fassen Sie zum Ende eines Gesprächs die wichtigsten Punkte noch einmal zusammen. So können Sie sicher sein, dass beide Parteien sich einig sind und keine Unklarheiten oder offene Fragen mehr im Raum stehen.

Das Gespräch positiv beenden

Nicht immer besprechen wir mit unseren Kunden Themen, bei denen wir die gleiche Meinung vertreten. Vielleicht müssen wir den Kunden auch einmal enttäuschen, wenn er von einem Vorhaben völlig falsche Vorstellungen hat. Egal wie das Gespräch verlaufen ist, beenden Sie es immer positiv. Wenn Sie nicht einer Meinung sind, versuchen Sie einen Kompromiss zu finden. Bieten Sie Alternativen, wenn der Kunde sich zum Beispiel für eine völlig unpassende Hunderasse entschieden hat. Motivieren Sie, wenn der Kunde glaubt, beim Training auf der Stelle zu treten, und machen Sie Komplimente für das, was schon erreicht wurde. Wie beim Training mit unseren Hunden sollte auch das Gespräch mit dem Hundehalter immer positiv enden.

Gesprächsnachbereitung

Genauso wichtig wie die Vorbereitung ist auch die Nachbereitung eines Gesprächs. Damit die wichtigsten Inhalte nicht in Vergessenheit geraten, dokumentieren Sie diese. Dies ist entweder in einem speziellen EDV-Programm für Hundeschulen möglich oder auch einfach in einem eigens angelegten Trainingstagebuch. Folgende Fragen helfen, das Gespräch nachzubereiten:

- Habe ich das Gesprächsziel erreicht?
- Konnte ich auf die Fragen und Bedürfnisse des Kunden richtig eingehen?
- Konnte ich meinen Standpunkt/meine Sichtweise verständlich machen?
- Was lief gut?
- Was lief vielleicht nicht so gut?
- Ist das Ergebnis im Gesamten zufriedenstellend?
- Wie wird der Kunde das Gespräch beurteilen?
- Welche Ziele haben wir vereinbart?
- Was ist für das nächste Gespräch mit diesem Kunden wichtig/zu beachten?

Gesprächsförderer

Eine gute Gesprächsführung zeichnet sich dadurch aus, dass der Kunde im Gespräch gefördert und positiv beeinflusst wird. Die folgenden Punkte gehören zu einer guten Konversation dazu:

- Ausreden lassen
- Aktiv zuhören
- Blickkontakt halten
- Interesse zeigen
- Auf ausgewogene Gesprächsanteile achten
- Wertschätzen
- Auf Augenhöhe kommunizieren

Gesprächsblocker

Unbewusst kann es in Gesprächen durch bestimmte Dinge und Äußerungen dazu kommen, dass man das Gefühl hat, die Chemie stimmt nicht. Deswegen gilt es, Folgendes zu vermeiden:

Small Talk schafft eine gute Atmosphäre, bevor das Training startet.

- Ins Wort fallen
- Lange Monologe halten
- Den Gesprächspartner nicht ernst nehmen
- Den Kunden zu etwas überreden wollen
- Drohen
- Rumkommandieren
- Sich über das Problem lustig machen, es bagatellisieren

Small Talk

Small Talk ist ein kurzer belangloser Plausch, bevor es mit dem eigentlichen Gespräch losgeht. Small Talk dient dazu, miteinander warm zu werden und ein Gespräch in lockerer Atmosphäre zu beginnen. Egal ob man sich schon kennt oder es der erste Kontakt ist, bevor man zum eigentlichen Thema kommt, bietet der Small Talk Gelegenheit, eine gute Atmosphäre zu schaffen und die Situation aufzulockern.

Stellen Sie sich vor, Sie sind zum Training mit einem Kunden verabredet, der vielleicht schon sehr nervös ist, weil er ein großes Problem mit dem Leinenpöbeln seines Hundes hat. Durch ein kurzes freundliches Gespräch lenken Sie den Hundehalter zuerst mal von seinem Problem ab und schaffen eine positive Stimmung – die perfekte Grundlage, um mit dem Training zu beginnen.

Small-Talk-Regeln

- Small Talk ist immer positiv
- Small Talk ist zweckfrei und hat keine tiefere Bedeutung
- Greifen Sie naheliegende Themen auf (das Frühlingswetter, die Dekoration im Haus des Kunden, das schöne Hundehalsband)
- Vermeiden Sie kritische Themen wie Politik, Krankheit, Geld, Religion und Gerüchte
- Stellen Sie lieber eine interessierte Frage, als einen Monolog zu halten
- Finden Sie einen eleganten Ausstieg als Überleitung zum eigentlichen Thema („Das ist ein interessantes Thema, darüber könnte ich mich noch stundenlang unterhalten, aber wir sollten jetzt mit dem Training starten.“)

Lehrgespräche

Das Lehrgespräch soll aktiv Wissen vermitteln. Die Hundeschulkunden werden hierbei mit in den Unterricht eingebunden. Beispiel: „In der letzten Stunde haben wir über das richtige Timing der Belohnung/Bestätigung gesprochen. Wer möchte noch mal kurz wiederholen, worauf es dabei ankommt?“ Diese Lehrmethode kennen Sie sicherlich aus Ihrem Trainingsalltag, oder? Sie zeichnet sich durch produktives Mitwirken der Kunden aus. Der Trainer hält hierbei keinen Vortrag, sondern lässt die Gruppe durch gezielte Fragen am Unterricht mitwirken. Es ist neben der Vier-Stufen-Methode (siehe nächster Abschnitt) das gängigste Gespräch mit unseren Kunden.

Was ist zu beachten, damit es klappt

Stellen Sie offene Fragen, bei denen auch mehrere Antworten richtig sind, um die Teilnehmer zu motivieren. Beispiel: „Welche unterschiedlichen Methoden kennt ihr, um Hunde zu belohnen?“ oder „Wie zeigt ein Hund, dass er Stress hat?“

Vermeiden Sie geschlossene Fragen, die nur mit Ja oder Nein beantwortet werden können. Fragen Sie zum Beispiel: „Ann, weißt du, wie viele Riechzellen ein Hund hat?“, kann dies den Teilnehmer schnell unter Druck setzen. Besser wäre es hier, nicht einen Teilnehmer gezielt zu fragen, sondern die Frage etwas umformuliert an die ganze Gruppe zu stellen: „Was könnt ihr mir zum Riechorgan des Hundes, der Nase sagen?“

Achten Sie darauf, die Fragen so zu formulieren, dass sie beantwortet werden können. Sind die Fragen zu schwierig, werden die Teilnehmer schnell demotiviert. Stellen Sie zum Beispiel in einer Theoriestunde des Welpenkurses die Frage: „Wer kann mir ausführlich die Entwicklungsphasen des Welpen, insbesondere die Sozialisierungsphase erläutern?“, werden Sie wahrscheinlich große Augen sehen, vielleicht fühlen sich die Teilnehmer sogar nicht kompetent genug für den Kurs. Besser wäre es hier, selbst die Phasen kurz zu erläutern. Im Anschluss kann der Trainer dann fragen: „Wie habt ihr denn die Entwicklung eures Welpen erlebt?“

Da alle Teilnehmer einen unterschiedlichen Wissensstand haben, kommt es vor, dass Ihre Fragen teilweise schon sehr kompetent beantwortet werden, das aber vielleicht nicht für alle Anwesenden verständlich ist. Haken Sie dann noch mal nach: „Genau Stefanie, das ist richtig. Kannst du uns vielleicht ein Beispiel dazu nennen?“ So werten Sie die Antwort auf und geben den anderen die Möglichkeit, sie anhand des Beispiels besser zu verstehen oder auch nochmals Fragen zu stellen.

Was noch zu beachten ist

Überlegen Sie sich bei der Vorbereitung, wie viel Zeit Sie haben, um Fragen zu beantworten. Lehrgespräche sprengen durch aktives Teilnehmen schnell den Zeitplan.

Da sich der Verlauf des Unterrichtes durch die Fragen der Teilnehmer nicht genau planen lässt, ist immer auch ein bisschen Flexibilität gefragt. Rechnen Sie daher damit, eventuell etwas improvisieren zu müssen.

Verlieren Sie das Lernziel der Stunde nicht aus den Augen. Schnell ist man vom Thema Zahnformel über Milchgebiss und Beißhemmung beim Aggressionsverhalten angekommen. Kehren Sie geschickt zum eigentlichen Thema zurück. Beispiel: „Das Aggressionsverhalten ist ein sehr spannendes Thema, da gebe ich euch recht. Heute würde es leider etwas den Rahmen sprengen, wir können aber gerne in nächster Zeit eine Stunde dazu planen."

Binden Sie auch die Teilnehmer mit ein, die etwas schüchtern oder zurückhaltend sind. Wenn diese sich nicht aktiv beteiligen, können Sie sie durch das Vorführen einer Aufgabe in den Unterricht integrieren. Natürlich immer nur positiv und nicht vorführend: „Die Vorderkörpertiefstellung, so wie ich sie gerade erläutert habe, zeigt Monty immer ganz toll, wenn Annika ihn zum Spielen auffordert. Vielleicht hast du Lust, den anderen das gleich mal zu zeigen?"

Vier-Stufen-Methode

Diese Lehrmethode werden Sie alle schon im täglichen Training mit Ihren Kunden anwenden, ohne vielleicht zu wissen, dass es sich um diese Methode handelt. Wir alle kennen sie aus frühester Kindheit, ohne sie „bewusst" erlernt zu haben. Erinnern Sie sich an das Spiel, bei dem man Quadrate, Rechtecke und Dreiecke in die dafür vorgesehenen passenden Löcher steckt? Die Mutter nahm ein Dreieck, hielt es über das passende Loch und steckte es durch. Dann erklärte sie, was sie tat: „Du musst schauen, welche Öffnung genauso aussieht wie das Teil, das du in der Hand hältst. Siehst du, das Dreieck passt hier rein." Dann ließ sie uns ausprobieren und üben, bis wir es konnten. Genauso funktioniert die Vier-Stufen-Methode im Hundetraining. Sie besteht aus den folgenden Schritten:

- Vorbereiten und erklären
- Vormachen und erklären
- Nachmachen und erklären lassen
- Vertiefen durch Üben

Vorbereiten und erklären

Sie möchten den Teilnehmern ein neues Signal, zum Beispiel Sitz, beibringen. Zuerst erklären Sie, was Sie machen möchten, welches Ziel und welchen Nutzen die Übung hat und wie der Ablauf sein wird.

„Heute zeige ich euch, wie ihr euren Hunden das Signal Sitz beibringt. Führt der Hund das Signal später zuverlässig aus, könnt ihr ihn absetzen, wenn der Hund mal kurz irgendwo warten soll oder bevor ihr eine Straße überquert. Das Sitz wird ebenfalls als Grundstellung in vielen Hundesportarten verwendet. Führt der Hund die Übung korrekt aus, sitzt

Stufe 1: Vorbereiten und erklären.

Stufe 2: Vormachen und erklären.

er parallel zu eurem linken Unterschenkel, mit seiner Schulter auf Höhe eures Knies."

Vormachen und erklären

Als Nächstes machen Sie die Übung mit einem Hund vor und erklären dabei schrittweise den Aufbau der Übung. Erläutern Sie auch, warum Sie welche Schritte in welcher Reihenfolge durchführen, und gehen Sie auf mögliche Hürden ein und auf Momente, wo sich Fehler einschleichen könnten.

„Ihr nehmt die Leine eures Hundes in die linke Hand und ein Leckerchen in die rechte Hand zwischen Daumen und Zeigefinger. Haltet das Leckerchen nun über den Kopf des Hundes und führt es Richtung Rücken, sodass er den Kopf leicht nach hinten verlagern muss. Er wird sich automatisch hinsetzen. In dem Moment, wo er sich hinsetzt, sagt ihr das Signal (Siiiitz), lobt ihn und gebt das Leckerchen. Achtet darauf, dass ihr das Leckerchen nicht zu hoch über den Kopf haltet, denn viele Hunde neigen dazu, dann hochzuspringen."

Fragen Sie bei Ihren Teilnehmern nach, ob alles verstanden wurde oder ob es noch Unklarheiten gibt.

Stufe 3: Nachmachen und erklären lassen.

Nachmachen und erklären lassen

Nun soll jeder Teilnehmer einzeln die Übung nachmachen und dabei selbst das Was, Wie und Warum erklären. So sehen Sie sofort, ob es verstanden wurde und richtig angewandt wird. Meistens tauchen beim ersten Durchführen noch Fragen auf, so können Sie auf jeden Teilnehmer einzeln eingehen. Loben Sie das richtige Durchführen der Übung und korrigieren Sie Fehler umgehend, damit sie sich nicht verfestigen.

Vertiefen durch Üben

Wenn alle Teilnehmer die Übung einzeln nacheinander absolviert haben, können Sie sie bitten, sich auf dem Platz zu verteilen, sodass jeder für sich das Kommando noch ein paar Mal proben kann. Gehen Sie dabei herum und überprüfen Sie, ob die Übung richtig durchgeführt wird.

Stufe 4: Vertiefen durch Üben.

Zielvereinbarungsgespräche

Wenn wir mit dem Auto eine unbekannte Strecke zurücklegen wollen, geben wir den Ankunftsort ein und das Navigationssystem führt uns unter Anleitung zum Ziel. Ähnlich verhält es sich mit Zielvereinbarungen im Hundetraining. Der Kunde sagt uns, welches sein Ziel im Training mit dem Hund ist, und wir führen ihn unter Anleitung dorthin, wenn nötig, auch mit einigen Zwischenstopps. Vielleicht gibt es auch unerwartete Straßensperrungen und wir müssen einen Umweg fahren oder das gewünschte Ziel liegt in einer nur schwer erreichbaren Region. Wichtig ist, dass der Kunde sich auf unsere Wegbeschreibung verlassen kann und der Weg dorthin für ihn befahrbar ist.

Ob Sie die Zielvereinbarung mit dem Kunden mündlich vereinbaren oder ihm diese anhand eines Trainingsplans schriftlich aushändigen, bleibt Ihnen überlassen. Allerdings ist es immer verständlicher und übersichtlicher, etwas Schriftliches in der Hand zu haben.

Nach folgenden Prinzipien lassen sich Ziele am besten erarbeiten und realisieren:

- Welches Ziel soll erreicht werden?
- Ist das Ziel erreichbar?
- Wie ist das Ziel erreichbar?
- In welcher Zeit soll das Ziel erreicht werden?
- Müssen Zwischenziele eingeplant werden?

Welches Ziel soll erreicht werden?

Besprechen Sie mit dem Kunden detailliert die Wunschziele seines Trainings. Je genauer Sie nachfragen, desto präziser erfahren Sie die Wünsche des Kunden und was er wirklich will. Was soll nachher anders sein? Wie sieht das Ergebnis bestenfalls aus? Lassen Sie sich nicht nur das „Wunschziel“ ausführlich beschreiben, sondern auch, warum es für den Kunden so wichtig ist, dies zu erreichen.

Ist das Ziel erreichbar?

Hat der Kunde zu hohe Ansprüche oder ist das Ziel realistisch? Aus einem zehnjährigen adipösen Mops macht auch Harry Potter keinen Agility Crack. Seien Sie ehrlich, wenn die Ziele vielleicht etwas zu hoch gesteckt sind, und erarbeiten Sie gemeinsam mit dem Kunden realistische Alternativen.

Wie ist das Ziel erreichbar?

Was muss der Kunde leisten, um das Ziel zu erreichen? Sprechen Sie ab, mit welchem Training das Ziel erreicht werden kann. Müssen eventuell noch Utensilien (zum Beispiel Schleppleine, Dummy usw.) angeschafft werden? Auch der Zeitfaktor spielt eine Rolle. Wie viel Zeit kann der Hundehalter täglich für das Training aufbringen? An welchen Orten soll trainiert werden?

In welcher Zeit soll das Ziel erreicht werden?

Ist das Ziel an einen zeitlichen Rahmen gebunden? Nicht selten wenden Kunden sich an einen Trainer mit der Bitte, „noch schnell“ vor dem Urlaub oder vor der Geburt des Kindes ein bestimmtes Verhalten an- oder abzutrainieren. Seien Sie ehrlich und realistisch, wenn dies nicht möglich ist.

Es ist auch sinnvoll, die Ziele in kleine Schritte aufzuteilen, um den Hundehalter nicht zu demotivieren. Bekommt der Kunde die Mitteilung, dass ein bestimmtes Training einen langen Zeitraum benötigt, um Erfolg zu zeigen, verliert er die Lust und beginnt vielleicht gar nicht erst. Zeigen Sie hier jedoch kleine Zwischenziele auf und wann er mit ersten Erfolgen rechnen kann, erscheint das Training doch sinnvoll.

Lassen Sie sich bei dem zeitlichen Rahmen nicht auf eine präzise Dauer festlegen. Bei jedem Training spielen viele unterschiedliche Faktoren wie Zeitaufwand, Rasseveranlagung, Trainingsstand des Hundes, gefestigtes Verhalten und so weiter eine Rolle. Erörtern Sie diese Faktoren mit dem Kunden und geben nur einen ungefähren zeitlichen Rahmen an. Bleiben Sie transparent und teilen dem Kunden mit, von welchen Faktoren die Zeitdauer abhängig ist.

Müssen Zwischenziele eingeplant werden?

Häufig ist die Vorstellung des Hundehalters zwar zu verwirklichen, manchmal ist aber die Unterteilung in mehrere kleine Teilschritte notwendig, um zum Ziel zu kommen. Erklären Sie dem Kunden die Gründe und Notwendigkeit der Zwischenschritte und besprechen Sie den genauen Ablauf mit den unterteilten Schritten.

Fassen Sie die vereinbarten Schritte zusammen und teilen dem Kunden diese mit. Hierbei kann es nützlich sein, diese zusätzlich schriftlich festzuhalten und dem Kunden auch auszuhändigen.

Zielvereinbarungen müssen nicht immer einen komplexen Trainingsansatz über mehrere Wochen oder Monate haben. Auch eine kurze Aufgabenbesprechung nach dem Gruppentraining mit der Verteilung von kleinen Hausaufgaben bis zum nächsten Training ist eine Zielvereinbarung.

Konfliktgespräche

Auch wenn diese Art von Gesprächen zum Glück nicht die Regel ist im Hundetraining, sollten Sie darauf vorbereitet sein. Konfliktgespräche finden dann Anwendung, wenn Sie mit einem Kunden unterschiedlicher Meinung sind und die Situation klären wollen. Vielleicht hat ein Kunde Ansichten über Trainingsmethoden, die dem Tierschutz zuwiderlaufen, und Sie möchten dies nun mit ihm besprechen. Das Konfliktgespräch soll ruhig und sachlich verlaufen, nicht eskalieren und einen positiven Ausgang haben.

Darauf müssen Sie achten:

- Hören Sie aktiv zu
- Fragen Sie nach
- Fassen Sie das Gesagte zusammen
- Erklären Sie Ihre Sichtweise
- Stellen Sie die unterschiedlichen Sichtweisen nebeneinander
- Bieten Sie Lösungsansätze
- Beenden Sie das Gespräch positiv

Hören Sie aktiv zu

Lassen Sie den Kunden zuerst seine Sichtweise der Dinge schildern und hören Sie zu, ohne ihn zu unterbrechen. Das Zuhören und Ausredenlassen ist nicht immer einfach, besonders wenn Dinge gesagt werden, die Sie absolut nicht vertreten können. Damit das Gespräch aber nicht in einer wilden, immer lauter werdenden Diskussion endet, ist das Zuhörenkönnen eine wichtige Kompetenz.

Ein Beispiel:

Kunde: „Ich benutze das Stachelhalsband seit einigen Tagen für die Spaziergänge zu Hause. Das klappt sehr gut, Rocky zieht fast gar nicht mehr an der Leine. Deswegen werde ich es auch hier beim Training benutzen. Ich weiß, Sie finden das nicht toll, aber es ist wirklich besser und ich habe so ein buntes Halstuch gekauft, damit man nicht sieht, dass es ein Stachelhalsband ist. Meine Frau sagt auch, sie kann jetzt viel besser mit Rocky laufen. Wenn er dann bald gar nicht mehr zieht, kann es ja wieder gewechselt werden."

Fragen Sie nach

Gesagt heißt nicht unbedingt verstanden. Fragen Sie wichtige Dinge und Unklarheiten nach. Häufig ist das, was der Kunde gesagt hat, nicht das, was Sie verstanden haben.
Trainer: „Sie sagen, Rocky zieht gar nicht mehr oder fast gar nicht mehr?"
Kunde: „Doch er zieht noch, wenn er andere Hunde sieht, aber sonst ist es schon besser. Er zieht nicht mehr so zu jedem Baum, und auch wenn uns andere Spaziergänger entgegenkommen, ist es besser."
Trainer: „Und das Ziehen ist dann wirklich schwächer als vorher?"
Kunde: „Hm, na ja, nur ein bisschen, bei anderen Hunden ist es fast genauso wie vorher. Aber mein Nachbar benutzt es auch und da wurde es nach ein paar Wochen viel besser, deswegen werde ich das jetzt mal ausprobieren."

Fassen Sie das Gesagte zusammen

Hat der Kunde sehr weit ausgeholt und sehr langatmig erzählt, ist es sinnvoll, das Wichtigste zusammenzufassen und es auf den Punkt zu bringen.
Trainer: „Verstehe ich Sie also richtig, dass Rocky bei Kontakt mit anderen Hunden noch genauso zieht wie vorher, Sie das Halsband jetzt aber vorübergehend nutzen wollen, bis Rocky nicht mehr zieht, und dann wieder auf das Geschirr umstellen möchten?"

Erklären Sie Ihre Sichtweise

Erläutern Sie nun ruhig und sachlich Ihre Sichtweise der Situation. Wenn Sie diese Sichtweise fachlich ausführen und erklären wollen, achten Sie darauf, dass der Kunde nicht mit Fachbegriffen überschüttet wird, die er nicht versteht. Erklären Sie kundengerecht.
Trainer: „Ich möchte Ihnen jetzt gerne meine Sichtweise erklären, damit Sie mich auch verstehen. Ich arbeite nicht mit diesen Trainingsmethoden, da sie dem Hund Schmerzen zufügen. Training unter Schmerzen ist nicht nur tierschutzwidrig, sondern auch uneffektiv und gefährlich. Rocky zieht, sobald er andere Hunde sieht, hat dadurch Schmerzen am Hals und verbindet diese mit dem anderen Hund. Dies bedeutet, dass aus dem Leinenziehen schnell eine Leinenaggression entstehen kann. Das Stachelhalsband ist außerdem in Deutschland verboten, wenn es mit den Stacheln nach innen zur Halsseite getragen wird."

Stellen Sie die unterschiedlichen Sichtweisen nebeneinander

Beide Meinungen neutral nebeneinandergestellt, schaffen in der Situation Klarheit und eine „Sicht von oben" auf das Problem. Wenn möglich, visualisieren Sie dies auf einem Blatt Papier oder einem Flipchart.
Trainer: „Sie sagen, Rocky zieht momentan stark an der Leine. Auch mit dem Stachelhalsband zieht er weiterhin, es ist nur leicht besser geworden.

Ich finde, dass das Leinenziehen momentan wirklich stark ist, da gebe ich Ihnen recht. Ich denke aber, dass sich das Verhalten auch mit einem normalen Halsband oder Geschirr schnell verbessern lässt. Nachhaltig und ohne Schmerzen."

Bieten Sie Lösungsansätze

Bieten Sie dem Kunden Lösungen an. Erörtern Sie gemeinsam, wie Sie in Zukunft weiter zusammenarbeiten können.
Trainer: „Ich kann Ihnen anbieten, dass wir in den nächsten Wochen intensives Leinenführigkeitstraining machen. Zu Beginn schläge ich ein Einzeltraining vor, damit wir uns voll auf Rocky konzentrieren können. Wenn Sie Ihre Frau zu den Terminen mitbringen, dann können wir sie gleich mit einbeziehen."

Beenden Sie das Gespräch positiv

Egal wie aufgewühlt das Gespräch vielleicht verlief: Ein positiver Abschluss ist wichtig!
Trainer bei negativer Entscheidung: „Schön, dass Sie sich die Zeit genommen haben, mit mir über die Situation zu reden. Ich verstehe die Belastung durch das Leinenziehen. Allerdings kann ich Ihre momentane Trainingsmethode nicht unterstützen und das Training so nicht weiter fortsetzen. Ich würde mich freuen, wenn Sie sich doch zu einem anderen Training entschließen. Sie dürfen sich jederzeit gerne melden. Auf Wiedersehen." (Augenkontakt, Hand geben)
Trainer bei positiver Entscheidung: „Ich freue mich, dass Sie sich trotz der schwierigen Situation momentan entschlossen haben, es noch mal ohne das Stachelhalsband zu versuchen. Wann wollen wir mit dem Training starten?"

Kündigungsgespräche

Für alle Beteiligten eher unangenehm ist wohl das Kündigungsgespräch. Sie sind an einem Punkt angelangt, wo Sie mit dem Kunden einfach nicht weiterkommen. Vielleicht, weil Sie nicht auf einer Wellenlänge sind oder weil das Training stagniert. Möglicherweise hat der Kunde auch andere Vorstellungen vom Ablauf oder Inhalt des Trainings, die Sie nicht unterstützen. Es gibt unterschiedliche Gründe, warum das Training nicht fortgesetzt wird.
Es dem Kunden mitzuteilen, fällt leichter, wenn Sie sich gut auf das Gespräch vorbereiten.

Folgendes sollte beachtet werden:

- Sorgen Sie für eine ungestörte Gesprächsatmosphäre
- Kommen Sie rasch zur Sache
- Drücken Sie sich eindeutig aus
- Begründen Sie die Entscheidung
- Rechtfertigen Sie sich nicht
- Bieten Sie Lösungsvorschläge an
- Klären Sie das weitere Vorgehen
- Beenden Sie das Gespräch positiv

Sorgen Sie für eine ungestörte Gesprächsatmosphäre

Führen Sie das Gespräch an einem ungestörten Ort und sorgen Sie dafür, dass Sie nicht unterbrochen werden. Stellen Sie Ihr Mobiltelefon auf lautlos. Eine Unterbrechung ist unfreundlich und führt dazu, dass das Gespräch ins Stocken gerät und Sie eventuell den Faden verlieren.

Kommen Sie rasch zur Sache

In vielen anderen Gesprächsarten ist der Small Talk ein wichtiger Bestandteil der Kommunikation. Beim Kündigungsgespräch sollten Sie jedoch darauf verzichten und schnell zum Thema kommen. Der Kunde könnte sich veralbert vorkommen, wenn Sie erst minutenlang über Belanglosigkeiten reden und dann die Zusammenarbeit beenden.

Drücken Sie sich eindeutig aus

Wenn Sie dem Kunden die Mitteilung machen, dass Sie das Training beenden, drücken Sie sich eindeutig und unmissverständlich aus. Sagen Sie zum Beispiel: „Ich werde das Training nicht weiter fortführen." Vermeiden Sie den Konjunktiv oder unklare Aussagen. Die Formulierung: „Ich würde das Training abbrechen wollen", erweckt den Eindruck, als ob Sie noch unsicher sind und die Entscheidung nicht endgültig gefallen ist.

Begründen Sie die Entscheidung

Erklären Sie dem Kunden, wie es zu Ihrer Entscheidung gekommen ist und welche Gründe ausschlaggebend waren. Bleiben Sie dabei sachlich und werden Sie nicht persönlich. Vermeiden Sie Vorwürfe, Unterstellungen und Beschuldigungen.
Fallbeispiel: Ein Kunde trainiert mit Ihnen seit vier Monaten an der Leinenaggression seines Hundes. Das Verhalten des Hundes ändert sich nicht. Sie haben den Eindruck, dass der Kunde zu Hause nicht trainiert und Ihre Tipps nicht anwendet. Teilweise bestätigt er dies auch, da er sehr beschäftigt ist und nur wenig Zeit hat. Seine Frau geht auch mit dem Hund, hat aber keine Lust, an der Leinenaggression zu arbeiten, und lässt den Hund einfach bellen und toben, wenn andere Hunde entgegenkommen. Der Kunde wird langsam mürrisch, weil sich kein Erfolg abzeichnet. Von anderen Kunden haben Sie schon gehört, dass er die Schuld und die Erfolglosigkeit auf Ihr Training schiebt. Sie haben sich dazu entschlossen, das Training zu beenden, da auch ein Gespräch über die Trainingssituation fünf Wochen zuvor keine Besserung gebracht hat.
Trainer (falsch): „Seit vier Monaten trainieren wir schon, es hat sich gar nichts verändert. Ich bin sicher, Sie üben gar nicht, und dann noch hinter meinem Rücken zu erzählen, ich wäre schuld daran, ist die Höhe. Das ist mir zu blöd so. Ich möchte das Training beenden. Suchen Sie sich einen anderen Dummen."
Trainer (richtig): „Wir arbeiten nun seit vier Monaten an der Leinenaggression, ohne dass sich eine Veränderung einstellt. Ich bin der Meinung, dass wir an einem Punkt angelangt sind, an dem wir nicht weiterkommen, daher werde ich das Training nicht fortsetzen. Wenn Sie möchten, gebe ich Ihnen gerne Adressen von anderen Hundeschulen, damit Sie das Training weitermachen können."

Rechtfertigen Sie sich nicht

Sie haben eine Entscheidung getroffen und diese plausibel begründet. Es gibt keinen Grund, sich für diese Entscheidung zu rechtfertigen.

Bieten Sie Lösungsvorschläge an

Geben Sie dem Kunden nach Möglichkeit immer einen Lösungsvorschlag mit auf den Weg. Er fühlt sich wertgeschätzt und merkt, dass Sie sich noch für ihn einsetzen. Außerdem wird Ihnen als Hundetrainer immer daran gelegen sein, dem Hund Gutes zu tun, und das können Sie, indem Sie Alternativen aufzeigen. Schreiben Sie zum Beispiel den Ablauf des Trainings detailliert in den Abschlussbericht oder erläutern dem Kunden mündlich, wie er nun weiter mit dem Hund arbeiten kann. Es sollte auch kein Tabu sein, eine andere Hundeschule oder einen anderen Trainer zu empfehlen, wenn bei Ihnen das Zwischenmenschliche nicht gestimmt hat oder ein anderer Trainer sich mit einer bestimmten Verhaltensauffälligkeit besser auskennt. Das hat nichts mit Schwäche zu tun, sondern zeugt von Kompetenz und Professionalität.

Klären Sie das weitere Vorgehen

Gibt es noch Dinge zu regeln? Hat der Kunde eventuell noch Guthaben, zum Beispiel durch eine 10er-Karte, von der noch nicht alle Stunden verbraucht sind? Klären Sie die Rückerstattung des offenen Betrages gleich in dem Gespräch. Haben Sie eine Dokumentation über den Trainingsablauf mit Abschlussbericht vereinbart? Dann teilen Sie dem Kunden mit, bis wann Sie diese fertigstellen und versenden.

Beenden Sie das Gespräch positiv

Egal wie unangenehm das Gespräch war, beenden Sie es höflich und positiv. Wünschen Sie dem Kunden alles Gute für die Zukunft, und wenn es in der Situation passend ist, bieten Sie an, für Fragen zur Verfügung zu stehen.

Mir ist durchaus bewusst, dass dieser Weg nicht immer der einfachste ist und auch etwas Mut dazu gehört, sich so selbstbewusst durchzusetzen. Wenn Sie unsicher sind, üben Sie solche Gespräche einmal mit einem vertrauten Gesprächspartner oder schreiben Sie sich auf, was Sie sagen wollen. Wenn Sie das Gespräch fachlich und sachlich führen, eine andere Hundeschule empfehlen und Lösungsvorschläge für das zukünftige Training anbieten, hat der Kunde keinen Anlass, im Nachhinein schlecht über Ihre Hundeschule zu reden.

Motivation, Motivationsgespräche und -techniken

Motivation ist ein häufig benutzter Begriff. Aus dem Hundetraining in Verbindung damit, dass der Mensch den Hund motiviert, ist er nicht mehr wegzudenken. Wie sieht es aber mit der Trainer-Hundehalter-Motivation aus?

Sichtlich motiviert – alle beide!

Wann, wie oft und warum sollte der Trainer motivieren und wie wichtig ist dies für den Hundehalter? Ist er nicht schon motiviert genug? Er kommt doch freiwillig zum Training. Wie entsteht Motivation und wie verhindern wir, dass sie verloren geht?

Wie entsteht Motivation?

Frei nach Antoine de Saint-Exupéry: „Wenn du ein Schiff bauen willst, dann trommle nicht die Männer zusammen, um Holz zu beschaffen, Aufgaben zu vergeben und die Arbeit einzuteilen, sondern lehre sie die Sehnsucht nach dem weiten, endlosen Meer."

Diese Kundin möchte aus eigener Motivation am Problem des Anspringens arbeiten.

Eigene Motivation ohne fremde Einflüsse nennt man intrinsisch.

Diese Erkenntnis lässt sich auch auf das Hundetraining übertragen: Wir Trainer sollten die Kunden nicht permanent von der Notwendigkeit des Sitz, Platz und des Rückrufes überzeugen, sondern von der Freiheit, die man mit einem gut erzogenen Hund genießen kann, und dem Teamgefühl, das durch gemeinsames Training entsteht.

Was aber motiviert Menschen und welche Arten von Motivation gibt es? Grundsätzlich wird unter zwei Arten von Motivation unterschieden: der intrinsischen und der extrinsischen Motivation.

Intrinsische Motivation

Die intrinsische Motivation (von lateinisch intrinsecus „im Inneren" oder „inwendig") ist die Motivation, die in uns selbst entsteht und uns Tätigkeiten um ihrer selbst willen ausüben lässt, zum Beispiel aus Freude, Ehrgeiz oder dem Interesse, eine Aufgabe besser lösen zu können. Reize von außen spielen hier keine Rolle. Hundeschulkunden, die aufgrund einer intrinsischen Motivation kommen, wollen also aus eigenem Antrieb ihren Hund ausbilden, trainieren oder ein Verhaltensproblem ändern. Sie tun dies auch, wenn das Training durch niemand anderen anerkannt, überprüft oder bewertet wird.

Beispiel: Eine Kundin kommt zu Ihnen, weil ihr Hund Jogger anspringt, wenn diese auf dem Spaziergang entgegenkommen. Sie möchte lernen, wie sie dem Hund beibringt, ruhig neben ihr herzulaufen. Die Motivation ist intrinsisch, weil sie das Verhalten für sich selbst ändern möchte, da es ihr unangenehm ist. Sie wird durch niemand anders dazu gedrängt, zu Ihnen zu kommen.

Extrinsische Motivation

Extrinsische Motivation (von lateinisch extrinsecus „von außen") ist die Motivation von außen. Menschen erledigen bestimmte Aufgaben nicht für sich selbst, sondern damit das Ergebnis von anderen wahrgenommen und honoriert wird. Durch die Erledigung möchten

Die Hundehalterin will den Rückruf des Hundes trainieren, weil dieser schon häufig Enten gejagt hat und sie eine Auflage vom Ordnungsamt bekam – eine typische extrinsische Motivation.

Das Anspringen des Hundes stört die Besitzerin, andere Spaziergänger haben sich aber auch schon beschwert – so sind intrinsische und extrinsische Motivation verknüpft.

sie negative Auswirkungen verhindern, die entstehen würden, wenn sie an der Problematik nicht arbeiten. Menschen, die einen Trainer aufsuchen, weil der Nachbar sich über das Bellen des Hundes beschwert hat und mit dem Ordnungsamt droht, handeln aus einer extrinsischen Motivation heraus. Auch der Halter, dessen Hund schon mehrfach jagte und der nun am Rückruf des Hundes arbeiten will, weil der Förster ihn erwischt hat und mit Konsequenzen droht, handelt durch Motivatoren von außen.

Bei diesen Kunden sollte der Trainer versuchen, den Zweck des Trainings für den Kunden plausibel zu machen und ihm das Ergebnis bildhaft zu beschreiben: „Wenn Ihr Hund gelernt hat, den Rückruf zuverlässig zu befolgen, haben Sie mehr Freiheiten auf Ihren Spaziergängen und können diese stressfreier genießen."

Häufig gelingt es nach den ersten kleinen Trainingserfolgen, dass bei den extrinsisch motivierten Kunden auch eine intrinsische Motivation dazukommt. Um diese herzustellen, trainieren sie besonders kleinschrittig, damit der Kunde schnell Erfolge sieht und Spaß am Training bekommt.

Verknüpfung von intrinsischer und extrinsischer Motivation

In der Theorie lassen sich beide Motivatoren gut trennen und erklären. In der Praxis kann es auch eine Verknüpfung von beiden Motivationen geben. Handelt ein Kunde aus intrinsischer und extrinsischer Motivation gleichzeitig, kann dies zu einer sehr hohen Leistungsbereitschaft führen. Ein Kunde kommt zu Ihnen, weil sein Hund alle Besucher anspringt. Den Halter stört das Anspringen auch, bisher hat er aber noch nicht den entscheidenden Ruck verspürt, das Problem anzugehen. Erst als sich mehrere Besucher beschweren, wendet er sich an einen Trainer. Der Kunde hat also eine Verknüpfung aus beiden Motivationen. Diese doppelte Motivation wird ihn wahrscheinlich besonders ehrgeizig trainieren lassen.

Was spornt an, was bremst?

Motivatoren treiben an und ermuntern dazu, Dingen zu tun, die zu einer Zufriedenheit führen. Der Kunde trainiert eifrig mit seinem Hund, um ein bestimmtes Verhalten zu ändern.

Demotivatoren arbeiten gegenteilig. Sie verhindern oder bremsen das Ausführen von Tätigkeiten und blockieren den inneren Antrieb. Der Kunde kommt nicht mehr zum Training oder arbeitet nur noch passiv und lustlos mit seinem Hund.

Motivatoren

Wenden wir uns nun den Motivatoren zu, mit denen Sie ein Hundetraining erfolgreich gestalten und durchführen können.

Abwechslung

Schnell schleicht sich im täglichen Training Routine ein, Aufgaben werden häufig wiederholt und somit irgendwann langweilig. Bringen Sie Abwechslung auf den Hundeplatz. Seien Sie kreativ, wandeln Aufgabenstellungen ab, führen neue Übungen ein und überraschen Ihre Kunden mit neuen Aktionen.

Lob/Anerkennung

Wir fühlen uns gut und wertgeschätzt, wenn wir Lob bekommen. Sagen Sie Ihren Kunden, wenn etwas gut geklappt hat, das spornt an und fördert die Lust weiterzumachen.

Herausforderung

Bauen Sie Herausforderungen ein, um das Training nicht monoton werden zu lassen. Die Kunden freuen sich über Aufgaben, die sie fordern. Das kann zur Abwechslung auch mal eine Aufgabe sein, die vielleicht gar nicht direkt zum Kurs gehört. So könnten Sie zum Beispiel in einen Grundgehorsamskurs eine Übung Nasenarbeit einbauen. Oder Sie fordern die Kunden auf, bis zur nächsten Stunde einen kleinen Trick (Gib Pfote, Schäm dich oder Ähnliches) einzustudieren und diesen dann vorzuführen.

Die Hundehalterin hat einen Trick einstudiert: Ihr Hund bellt auf Kommando.

Entwicklung

Im täglichen Training fällt den meisten Menschen die Entwicklung ihres Hundes nicht so stark auf wie dem Trainer, der das Mensch-Hund-Team von außen betrachtet und meistens nur wöchentlich sieht. Sprechen Sie die Entwicklung des Hundes bzw. des Teams regelmäßig an und honorieren diese zum Beispiel mit einer Urkunde am Ende des Kurses. Sie können die Kunden auch anleiten, ein Trainingstagebuch zu führen. Damit lässt sich die Entwicklung des Hundes besonders gut darstellen.

Ziele/Resultate

Jeder Mensch braucht Ziele. Auch wenn der Kunde weiß, welche Inhalte in dem jeweiligen Kurs auf ihn zukommen, erläutern Sie zu Beginn noch mal das Ziel des Kurses und was die Hunde explizit lernen sollen. Auch zu Beginn jeder Stunde können Sie kurz in zwei Sätzen sagen, was die Inhalte und Ziele der heutigen Stunde sind. Das verschafft einen besseren Überblick und der Kunde kann sich besser auf die Stunde bzw. den Kurs einstellen.

Ausgleiche schaffen

Zu Beginn eines Kurses oder eines Verhaltenstrainings sind viele Kunden übermotiviert und machen den Eindruck, Tag und Nacht zu trainieren. Es ist aber wichtig, Ausgleiche zu schaffen. Erklären Sie dem Kunden, dass auch Trainingspausen notwendig sind, um das Gelernte zu verfestigen. Auf Spaziergänge ohne Training sollte weiterhin nicht verzichtet werden, damit auch der Hund mal abschalten, in Ruhe schnüffeln und einfach Hund sein kann.

Demotivatoren

Ungenügende Erklärungen/Einweisungen

Hat man etwas nicht verstanden und funktioniert die Umsetzung nicht, vergeht einem schnell die Freude. Stellen Sie daher sicher, dass Ihre Kunden beim Erlernen neuer Dinge verstanden haben, was Sie erklären und vormachen. Am besten geht dies mit dem Vier-Stufen-Modell, das weiter oben in diesem Kapitel erläutert wird.

Fehler aufzeigen

Achten Sie darauf, dem Kunden im Training die Fehler nicht plump unter die Nase zu reiben: „Meine Güte, wie läuft Mio denn heute schon wieder an der Leine“, „Du musst präziser loben“, „Das hat aber auch schon mal besser geklappt“. Solche Aussagen demotivieren auf Dauer und helfen dem Kunden nicht weiter.

Versuchen Sie die Kritik etwas freundlicher und lösungsorientiert zu verpacken: „Versuch mal, mit Mio die Richtungswechsel etwas schneller einzuleiten, bevor die Leine stramm wird. Das verleitet dich dann, nicht so an der Leine zu ziehen. Ich weiß, dass ihr das könnt.“ Im Anschluss warten Sie ab, bis der Teilnehmer die Übung einmal richtig ausgeführt hat, und loben dafür dann sofort.

Fehlende Fortschritte

Hat der Kunde das Gefühl, im Training nicht voranzukommen, kann das schnell demotivieren. Ist die Wahrnehmung des Kunden subjektiv und es sind sehr wohl Fortschritte erkennbar, machen Sie diese deutlich. Beschreiben Sie anhand von Beispielen, wie das Verhalten des Hundes noch vor einigen Wochen war und was sich bis heute schon gebessert hat. Kommt das Mensch-Hund-Team momentan wirklich nicht voran, ändern Sie den Trainingsplan. Trainieren Sie kleinschrittiger oder gehen einen Schritt zurück, um es dem Halter und Hund zu vereinfachen.

Stress/Druck

Von der Arbeit schnell nach Hause, den Hund einsammeln und dann zum Hundeplatz – viele Halter kommen gestresst und in letzter Minute auf dem Hundeplatz an. Der Hund wird aus dem Auto gezerrt und schnell das Geschirr drübergeworfen, einhergehend mit einem „Halt doch mal still jetzt". Wie das weitere Training verläuft, wissen Sie selbst. Hund und Halter sind gestresst, manchmal sogar gereizt, das Training klappt nicht und nach der Stunde fahren Mensch und Hund gefrustet nach Hause.

Um dies zu vermeiden, können Sie die Kunden auffordern, schon zehn Minuten vor Beginn der Stunde da zu sein, damit Sie pünktlich anfangen können. In diesen zehn Minuten, bevor es richtig losgeht, können Sie den pünktlichen Teilnehmern zur Belohnung etwas erzählen, erklären oder zeigen, das die unpünktlichen Kunden verpassen. Sie könnten zum Beispiel erklären, wie man in wenigen Minuten für seinen Hund ein Intelligenzspielzeug selbst baut, oder ein einfaches Rezept für Hundekekse vorstellen. Auch die neue Spazierrunde, die Sie am Wochenende entdeckt haben, ist interessant und wird die Teilnehmer veranlassen, pünktlich zu sein.

Negative Einflüsse

Egal wie motiviert man ist, wenn es einem von anderen madig gemacht wird, macht auch die schönste Sache irgendwann keinen Spaß mehr. Stellen Sie fest, dass ein Kunde regelmäßig mit wenig Freude zum Training kommt, klären Sie die möglichen Ursachen in einem Gespräch. Ein lustloser Kunde wird auf Dauer nicht zielorientiert mitarbeiten und steckt die anderen Kunden vielleicht mit seiner Unlust noch an.

Das Motivationsgespräch

Nicht immer läuft das Hundetraining so, wie sich der Halter das vorstellt. Manchmal kommt er an einem bestimmten Punkt nicht weiter und ist lustlos und demotiviert. Vielleicht reagiert der pubertierende Hund auf einmal nicht mehr auf den Rückruf, obwohl so fleißig geübt wurde. Hier muss der Kunde ein wenig aufgefangen werden, damit er nicht resigniert.

Ein einfaches „Er ist halt in der Pubertät, das wird schon" reicht hier nicht aus. Der Kunde fühlt sich mit seinem Problem alleingelassen und nicht ernst genommen. Nehmen Sie sich Zeit für die Probleme des Kunden und vor allem nehmen Sie sie ernst. Halbherzig geführte Motivationsgespräche bewirken häufig das Gegenteil. Fehlende Motivation vermindert nicht nur die Leistungsfähigkeit des Mensch-Hund-Teams, sondern kann auch andere Teilnehmer anstecken. Es ist daher eine wichtige Aufgabe des Trainers, positiv auf die Teilnehmer einzuwirken. Ist Ihr Kunde dennoch demotiviert, nehmen Sie sich Zeit, um die Gründe zu besprechen und Lösungen zu finden.

Sprechen Sie offen an, dass Sie bemerkt haben, dass es momentan nicht rundläuft. Auch wenn Sie denken, den Grund schon zu kennen, fragen Sie immer den Kunden direkt, wo es hakt. Er hat vielleicht eine ganz andere Sichtweise als Sie. Vielleicht hat Ihr Kunde auch nicht die Lust am Training verloren, sondern ist gerade privat sehr eingespannt und daher etwas müde und lustlos. Häufig hängt die Ursache nicht unmittelbar mit dem Training zusammen.

Liegt es daran, dass der Kunde wirklich im Training nicht vorankommt, machen Sie am besten einen kleinen Rückblick. Lassen Sie den Kunden durch gezielte Fragen selbst erzählen, wie der Trainingsstand des Hundes war, als er mit dem Training begonnen hat. Der Kunde erzählt dann zum Beispiel: „Als ich begonnen habe, war Maya sehr ungestüm, hat alle Hunde angebellt und konnte sich nicht lange konzentrieren."

Fragen Sie als Nächstes, wie der Kunde den Trainingsstand jetzt gerade sieht. Die Antwort könnte lauten: „Maya hat gelernt, sich zu beherrschen. Sie bellt nur noch selten und schaut mich während des Trainings schon sehr häufig an."

Bestätigen Sie nun die Aussage des Kunden und fragen, warum er zurzeit unzufrieden mit dem Hund ist. „Ich finde es toll, wie sich Maya in den letzten Monaten entwickelt hat. Woran möchtest du jetzt gerne noch arbeiten, damit du dich besser fühlst?"

Häufig vergleicht sich der Halter mit anderen Teams im Training, die eine völlig andere Ausgangssituation haben, oder der Fortschritt geht ihm nicht schnell genug. Wirken Sie hier beruhigend auf den Kunden ein und machen ihm deutlich, dass die Gruppe aus unterschiedlichen Mensch-Hund-Teams mit noch unterschiedlicheren Ausgangssituationen und Ausbildungsständen besteht. Der Hund im Training sollte immer einzeln und individuell betrachtet werden, nie im Vergleich.

Geben Sie dem Kunden Hilfsangebote für das Training. Er könnte zum Bespiel mal ein paar Tage Trainingspause machen, meistens klappt es danach mit neuer Energie wieder viel besser. Oder die Einheiten werden verkürzt, sodass der Kunde beispielsweise nur noch einmal am Tag fünf Minuten trainiert. Eine weitere Möglichkeit ist, einen Schritt zurückzugehen und mit dem Hund ein paar Tage wieder einfachere Dinge zu trainieren, die schon sehr gut klappen. Wichtig ist, dass das Team die Freude am Training nicht verliert.

Setzen Sie gemeinsam mit dem Kunden ein Ziel, das genau definiert ist und auf das hingearbeitet werden kann. Ziele motivieren. Häufig werden Ziele nur sehr unklar besprochen: „Maya soll andere Hunde nicht mehr anbellen." Erarbeiten Sie dieses Ziel präziser, sodass es lauten könnte: „Maya soll in vier Monaten, wenn wir mit ihr zum Wandern fahren, andere Hund nicht mehr aus der Entfernung anbellen. Es wäre schön, wenn sie andere Hunde in einem Radius von acht Meter akzeptiert."

Nehmen Sie die Bedürfnisse des Kunden immer ernst. Hören Sie zu und bieten Sie Lösungen.

Übertreiben Sie in den folgenden Trainingsstunden Ihre Motivationsbemühungen und ihr Lob nicht. Wenn Sie übertrieben loben, erreichen Sie das Gegenteil, der Kunde denkt erst recht, dass Sie seine Motivation anzweifeln, weil Sie es so oft betonen.

Weitere Motivatoren

Zusätzlich zu den schon aufgeführten Motivatoren hier noch weitere Möglichkeiten, die Sie ins Training mit einbeziehen können.

Sprechen Sie die Kunden mit ihren Namen an und nicht nur mit den Namen der Hunde. Häufig neigt man dazu zu sagen: „Und jetzt ist Clarky als Nächster dran." Sprechen Sie besser auch die Besitzer mit Namen an. Das ist persönlicher und sympathischer. Wer möchte schon immer das „Frauchen von" sein. Sie könnten also sagen: „Anja, möchtest du mit Clarky als Nächste die Übung machen?"

Loben Sie die Kunden während des Trainings gezielt. Sagen Sie nicht: „Das macht ihr heute alle super." Besser ist es, einzelne Kunden für eine bestimmte Situation zu belohnen: „Marion, das war gerade ein super Timing, wie du Abby belohnt hast!"

Skala zur Visualisierung des Ausbildungsstands.

Wettkämpfe motivieren und fördern den Ehrgeiz! Sie lassen sich häufig auch problemlos in den Trainingsalltag integrieren. Sie könnten zum Beispiel einen Eierlaufwettkampf mit Löffel und Ei um Pylonen machen, wenn Sie die Leinenführigkeit trainieren wollen. Oder eine Rally mit unterschiedlichen Aufgaben an aufgestellten Pylonen zum Trainieren des Grundgehorsams. Viele Kinderspiele wie zum Beispiel Plumpsack oder Reise nach Jerusalem lassen sich mit etwas Kreativität sehr schnell zu Wettkampfspielen im Hundetraining umwandeln.

Motivieren Sie auch während des Unterrichts nicht nur mit Worten. Sie könnten für gut ausgeführte Aufgaben zum Beispiel mal eine kleine Süßigkeit verteilen oder ein Hundeleckerchen.

Vergeben Sie nach einem abgeschlossenen Kurs eine Urkunde oder Teilnahmebescheinigung. Die sind schnell zu Hause am Computer angefertigt und erzielen eine große Wirkung.

Halten Sie den Trainingsstand des Hundes fest, damit der Kunde die Fortschritte sieht. Führen Sie ein Trainingstagebuch oder lassen den Kunden eines führen. Um den Ausbildungsstand auf einen Blick zu sehen, können Sie auch eine Skala auf einem DIN-A4-Blatt anlegen.
Gestalten Sie die Aufgaben nie zu schwierig und stets so, dass jeder Teilnehmer sie versteht.

Trainieren Sie kleinschrittig, damit Hund und Halter den Spaß am Training nicht verlieren.

Überfordern Sie die Teilnehmer nicht. Sie müssen das Gefühl haben, dass sich das Ziel des Kurses/der Stunde mit ihrem Hund auch erreichen lässt.

Beenden Sie das Training immer mit einem positiven Abschluss.

Theoretischer Gruppenunterricht

Der praktische Gruppenunterricht auf dem Hundeplatz ist vielen vertraut. Die Mensch-Hund-Teams, die um Sie herumwuseln und konzentriert mit ihrem Hund arbeiten, gehören schon zum Alltag. Anders ist es im theoretischen Unterricht. Sie stehen alleine vorne an Flipchart oder Leinwand und wollen Fachwissen vermitteln. Für viele ist das zuerst ungewohnt. Mit etwas Planung und Vorbereitung werden Ihnen aber auch diese Seminare souverän gelingen. In diesen Schritten gehen Sie vor:

- Vorbereitung
- Beginn
- Arbeitsphase
- Abschluss
- Nachbereitung

Vorbereitung

Bereiten Sie den Seminarraum gut vor, damit die Teilnehmer sich wohlfühlen, wenn sie eintreffen. Schildern Sie den Seminarraum gut erkennbar aus und hängen auch am Eingang ein Schild auf, wo das Seminar stattfindet. Niemand möchte lange suchen und herumirren müssen.

Stellen Sie die Tische und Stühle für das Seminar passend auf. Sind zu viele Tische und Stühle vorhanden, schieben Sie die nicht benötigten in den hinteren Teil des Raumes, sonst fühlt man sich bei vielen freien Plätzen schnell verloren. Legen Sie eventuell Schreibblöcke und Kugelschreiber mit Ihrer Firmenwerbung aus.

Stellen Sie Getränke wie Kaffee und Wasser bereit und auch einen kleinen Snack, zum Beispiel etwas Schokolade und Plätzchen. Entweder rechnen Sie die Verpflegung vorher schon in die Seminarkosten mit ein oder stellen eine Kaffeekasse auf, in die eingezahlt werden kann.

Richten Sie die benötigte Technik wie Notebook, Beamer, Leinwand usw. ein und probieren diese schon einmal aus. Prüfen Sie

Kleinere Theorieeinheiten können auch draußen abgehalten werden.

auch, ob Ihre Präsentation läuft und Videos sich abspielen lassen, damit es im Seminar nicht zu Pannen kommt. Wenn Sie ein Flipchart nutzen, schauen Sie, ob der Moderationskoffer komplett ist.

Sie haben keinen Seminarraum zur Verfügung und führen kleinere Theorieeinheiten auf dem Hundeplatz durch? Auch da kann man es sich bei gutem Wetter gemütlich machen. Eine Isomatte, Block und Kugelschreiber sowie eine kleine Leckerei für Mensch und Hund reichen schon aus, um eine gute Unterrichtsatmosphäre zu schaffen.

Beginn

Fangen Sie pünktlich an. Es gibt immer Teilnehmer, die sich verspäten, auf alle zu warten ist unfair gegenüber denen, die rechtzeitig da sind.

Beginnen Sie mit einer kurzen Übersicht über den Ablauf des Tages. Wie viele Pausen gibt es, wie lange dauern sie und wo kann in der Mittagspause etwas gegessen werden? Auch kleine Raucherpausen sollten eingeplant werden. Ein Ablaufplan kann zusätzlich an der Tür angebracht werden, damit die Teilnehmer zwischendurch draufschauen können.

Jeder Teilnehmer weiß, zu welchem Seminar er sich angemeldet hat. Dennoch ist es wichtig, zu Beginn noch mal das Thema und das Ziel anzusprechen und zu beschreiben, damit alle auf dem gleichen Wissensstand sind. Sie können zum Beispiel einen kleinen Film einspielen und im Anschluss einige Worte dazu sagen. Das weckt die Neugierde auf das Seminar und ist lebendiger, als direkt mit einer Präsentation zu starten.

Bevor Sie beginnen, ist es hilfreich, eine kurze Vorstellungsrunde zu halten. So weiß jeder, mit wem er es zu tun hat, und Sie als Dozent bekommen einen Überblick über die Teilnehmer, deren Vorkenntnisse und Erwartungen an den Tag. Hierzu verteilen Sie am besten einen Zettel mit den Fragen, die Sie an die Teilnehmer haben. So verhindern Sie, dass einige Teilnehmer nur ihren Namen sagen und andere ihr ganzes Leben erzählen.

Folgendermaßen könnte dieser Fragebogen aussehen:

- Name
- Alter
- Wohnort
- Warum nehmen Sie an diesem Seminar teil?
- Welche Vorkenntnisse haben Sie?
- Welche Erwartungen an das Seminar haben Sie?

Bitten Sie die Teilnehmer, die Zettel auszufüllen und nach der Vorstellungsrunde bei Ihnen abzugeben. So können Sie zu einem späteren Zeitpunkt auf die Erwartungen eingehen und vernachlässigen niemanden.

Arbeitsphase

Nun beginnt der Hauptteil und die eigentliche Durchführung des Seminars. Achten Sie hierbei auf eine abwechslungsreiche Gestaltung. Variieren Sie zwischen Präsentation, Aufzeichnungen am Flipchart, Gruppenarbeiten, Diskussionen und Fotos oder Videos, damit alle bei der Sache bleiben. Fragen Sie regelmäßig nach, ob es verständlich ist oder Unklarheiten bestehen. Ziehen Sie Pausen ruhig vor, wenn Sie merken, dass die Luft raus ist und die Teilnehmer sich nicht mehr konzentrieren können. Wenn es andererseits gerade sehr gut läuft, stimmen Sie mit der Gruppe ab, noch ein paar Minuten weiterzumachen, um das Thema zu Ende zu bringen.

Abschluss

Damit die Seminarinhalte nicht sofort wieder vergessen werden, bietet es sich an, ausführliche Unterlagen oder zusammenfassende Merkblätter zu dem Thema auszugeben. Ich händige sie erst zum Schluss aus, da die Teilnehmer viele Inhalte sonst nicht selbst erarbeiten, sondern in den Schriftstücken nachschauen oder durch Herumblättern unaufmerksam sind.

Bevor alle auseinandergehen, ist eine kurze Feedbackrunde ein gutes Instrument, um den Tag durch die Teilnehmer zusammenfassen zu lassen. Stellen Sie hierzu eine präzise Frage wie: „Was nehmen Sie vom heutigen Tag mit?" Wenn Sie das Feedback zeitlich begrenzen wollen, weil Sie schon spät dran sind, dann vereinbaren Sie 20 Sekunden Sprechzeit für jeden und lassen einen Timer laufen.

Nachbereitung

Gab es unbeantwortete Fragen, für die Sie zu Hause recherchieren müssen? Haben Sie im Seminar das Flipchart abfotografiert und wollen den Teilnehmern die Fotos zukommen lassen? Erledigen Sie dies rasch und teilen noch im Seminar mit, wann Sie die Unterlagen versenden werden.

Frage- und Gesprächstechniken

„Wer, wie, was?
Wieso, weshalb, warum?
Wer nicht fragt, bleibt dumm!"
Wer kennt nicht das Lied aus der Sesamstraße ... Nicht nur Kinder, auch wir Erwachsenen sollten viel mehr Fragen stellen. Aber nicht nur, um etwas Unklares in Erfahrung zu bringen, denn Fragen können viel mehr. Fragen können Gespräche lenken, Fragen helfen dem Gegenüber, Lösungen selbst zu erarbeiten, Fragen wiederholen Aussagen, um diese zu festigen oder dem Gegenüber zu spiegeln.

Wer Fragen gezielt einsetzen kann, ist im Coaching einen großen Schritt weiter. Der Unterricht wird leichter für den Trainer und effektiver für den Kunden, denn Fragen, die der Kunde sich selbst beantwortet, sind weniger belehrend als vorgesetzte Aussagen und die Antwort wird besser behalten.

Im Folgenden werden die unterschiedlichen Fragetechniken vorgestellt, die sich für die Arbeit mit Kunden am besten eignen und anwenden lassen.

Fragen, Fragen, Fragen.

Small-Talk-Fragen

In vorherigen Kapitel wurde bereits beschrieben, wozu der Small Talk dient und wie er aufgebaut ist. Er ist zweckfrei und hat keine tiefere Bedeutung. Wenn Sie dies auch bei Ihren Fragen im Small Talk beachten, kann nicht viel schiefgehen. Mögliche Fragen sind:

- Haben Sie den Weg hierher gut gefunden?
- Wo haben Sie die schöne Leine/das schöne Geschirr gekauft?
- Hatten Sie ein schönes Wochenende?

Auch eine Kombination von Feststellung und Frage ist eine gute Möglichkeit, um ins Gespräch zu kommen:

- Ihr Hund sieht richtig gut aus. Verraten Sie mir, wie Sie das machen?
- Monty ist so gut gelaunt. Hatten Sie einen schönen Tag mit ihm?
- Bald sind Sommerferien. Fahren Sie in den Urlaub?

Small Talk: „Einen tollen Hund haben Sie. Die Rasse sieht man auch nicht so häufig."

Grundsätzlich gilt: Es sind alle Fragen erlaubt, die „oberflächlich" und unverfänglich sind. Diese Themen bieten sich an:

- Fragen zum Wetter.
- Wurde der Weg gut oder schlecht gefunden?
- Hat der Urlaub schon stattgefunden oder steht er noch bevor?
- Fragen zum Ort, an dem Sie sich befinden: beim Einzeltraining, zum Beispiel beim Kunden zu Hause oder wenn der Kunde einen Treffpunkt vereinbart hat, an dem Sie noch nicht waren.
- Fragen zu der tollen und praktischen Outdoorkleidung des Kunden. Diese Frage ist dann gleichzeitig auch ein Kompliment.

Diese Fragethemen sind im Small Talk grundsätzlich tabu:

- Politik
- Religion
- Geld/Vermögen/Einkommen
- Krankheit
- Sexuelle Orientierung
- Belehrende Fragen

Einstiegsfragen

Wenn Sie zu einer überforderten Familie mit vier Kindern und einem Jagdterrier in der Pubertät kommen, sollte Ihre erste Frage nicht lauten: „Warum haben Sie sich denn *diese* Rasse angeschafft?", auch wenn sie durchaus berechtigt wäre. Beim gelungenen Einstieg schafft der Coach mit gezielten Fragen – ohne Vorwürfe und Provokation – eine positive Gesprächsatmosphäre, auf die im weiteren Verlauf aufgebaut wird. Auch wenn vorher schon ein wenig Small Talk stattgefunden hat, sind Sie immer noch in der ersten Phase des Kennenlernens. Es findet ein gegenseitiges

„Beschnuppern“ statt, das darüber entscheidet, was für eine Beziehung Sie zu Ihrem Kunden aufbauen und ob eine Zusammenarbeit funktioniert.
Optimale Fragen zum Einstieg sind:

- Wie kann ich Ihnen helfen?
- Was kann ich für Sie tun?

Diese Fragen vermitteln dem Kunden, dass man ihm helfen bzw. etwas für ihn tun will. Er fühlt sich gut betreut, der Trainer kümmert sich um ihn. Anders als bei der Frage: „Was ist Ihr Problem?“, wird hier Hilfestellung angeboten. Auch wenn der Hundehalter natürlich als Antwort auf die Frage erst mal beginnt, seine Problematiken zu schildern, wird ihm unterbewusst ein lösungsorientiertes Arbeiten vermittelt und nicht das Herumreiten auf bestehenden Schwierigkeiten.

Nachdem der Kunde seine Hundeprobleme geschildert hat, können die nächsten Fragen lauten:

- Was ist Ihr Ziel für unser Training?
- Wie soll Ihr Hund sich verhalten, damit Sie zufrieden sind?
- Was muss sich verändern, damit Sie sagen, das Training war erfolgreich?
- Welche Themen möchten Sie zuerst angehen?

Häufig gehen mir bei den Einstiegsfragen und nach den ersten Schilderungen des Kunden schon viele Lösungsansätze durch den Kopf und ich würde am liebsten voll durchstarten und sagen: „So und so machen wir das jetzt.“ Es hilft aber nicht, wenn Sie zu Beginn des Gesprächs Ihrem Kunden schon um Längen voraus sind. Das Ziel müssen Sie gemeinsam erreichen. Wenn Sie den Kunden Ihre ausgewählten Einstiegsfragen in Ruhe beantworten lassen und so gemeinsam eine Lösung erarbeiten und verfolgen, haben Sie größeren Erfolg und zufriedenere Kunden, als wenn Sie vorgeben und bestimmen.

Üben Sie die Einstiegsfragen, mit denen Sie sich am wohlsten fühlen, und schreiben diese vielleicht auch auf, damit sie in der Praxis abrufbar sind.

Auch wenn es offensichtlich erscheint: Fragen Sie den Kunden immer, welche Ergebnisse er sich von dem Training verspricht.

Offene und geschlossene Fragen

Mit offenen und geschlossenen Fragen können Sie ein Gespräch und Trainingssituationen so lenken, wie Sie möchten und wie es für die Situation passend ist. Wir alle kennen einen Menschen, der auf eine einfache Frage ohne Punkt und Komma redet und nur zum Luftholen eine kurze Pause macht. Andersrum gibt es aber auch solche, denen man jedes Wort aus der Nase ziehen muss. Die Gespräche verlaufen sehr schleppend und sind anstrengend. Je nachdem, mit welchem Menschentyp Sie es nun zu tun haben, können Sie jede Frage als geschlossene oder offene Frage formulieren.

Beispiel offen Frage:
Trainer: „Was sagen Sie zu meinem Trainingsvorschlag?“
Kunde: „Also generell finde ich den schon ... früher war es jedoch so ... meine Nachbarin findet ... und dann war da noch ... bei unserer alten Hündin ... ich denke ... was ist wenn ... vielleicht sollte ... ja, probieren wir es.“

Beispiel geschlossene Frage:
Trainer: „Sind Sie mit meinem Trainingsvorschlag einverstanden?“
Kunde: „Ja“

Sehen Sie den deutlichen Unterschied? Offene Fragen sind solche, die nicht mit „Ja“ oder „Nein“ beantwortet werden können. Sie beginnen mit einem Fragewort: wie, wer, wo, wann, woher, wieso, wodurch usw. Ihr Gegenüber antwortet automatisch ausführlich und wird in seiner Antwort nicht begrenzt, wodurch Sie eine Menge an Informationen bekommen.

Beispiele für offene Fragen im Hundetraining:

- Wie seid ihr diese Woche im Training vorangekommen?
- Was ist deiner Meinung nach für Lina die beste Belohnung?
- Wann wollen wir uns für das nächste Training treffen?
- Was lief in der letzten Woche besonders gut im Training?
- Wodurch hat sich Hugos Leinenpöbeln wieder verstärkt?

Geschlossene Fragen lassen nur eine knappe Antwort wie „Ja“ oder „Nein“ zu. Sie werden am besten immer dann formuliert, wenn eine längere Antwort den Rahmen sprengen würde und Sie schnell eine konkrete Antwort haben möchten. Trainieren Sie zum Beispiel gerade mit einer Gruppe und lange Antworten würden ausufern, formulieren Sie Fragen so, dass sie kurz und knapp beantwortet werden können.

Beispiele für geschlossene Fragen sind:

- Hast du das neue Geschirr schon ausprobiert?
- Möchtest du die Übung mit Jule vormachen?
- Konntest du letzte Woche das Trainingsvideo ansehen, dass ich dir ausgeliehen habe?
- Bist du Dienstag beim Social Walk dabei?

W-Fragen

Wie? Seit wann? Wo? Mit wem? Woran? Wer? Wessen? – W-Fragen gehören zu den offenen Fragen, also den Fragen die nicht mit „Ja“ oder „Nein“ beantwortet werden können. Sie können sie vielseitig anwenden, zum Beispiel immer dann, wenn Sie Informationen benötigen, aber auch, wenn Sie ein Gespräch in Gang bringen wollen oder Ihr Gesprächspartner eine Situation genau beschreiben soll. Dadurch, dass der Kunde zum Beispiel bei der Frage: „Wie kann ich Ihnen beim Training mit Ihrem Hund helfen?“, in der Antwort völlig frei ist, hat er die Möglichkeit, Erfahrungswerte, Beobachtungen, Gefühle, Beschreibungen und Ideen einzubringen. Oftmals verändert sich eine Ausgangslage durch die Antwort des Kunden nochmals, vorhandene Trainingsansätze können so überdacht und das weitere Vorgehen präziser geplant werden. W-Fragen geben dem Kunden zudem ein Gefühl von Wertschätzung und Kommunikation auf Augenhöhe. Er kann aktiv mitarbeiten, seine Aussagen werden ernst genommen und für das weitere Training berücksichtigt.

Beispiele für W-Fragen im Kundengespräch und Training:

- Wie kann ich Ihnen helfen?
- Was kann ich für Sie tun?
- Was möchten Sie verändern?
- Seit wann verhält Bella sich so?
- Was ist Ihr Ziel?
- Wie sieht das optimale Ergebnis für Sie aus?
- Welche Erwartungen haben Sie?
- Wie gehen Sie zurzeit mit dem Problem um?
- Wie viel Zeit haben Sie täglich für das Training?
- Wie hat es die letzten zwei Wochen mit dem Training geklappt?
- Woran könnte es liegen, dass es diesen Rückschritt gab?

Aber Achtung: Es gibt zwei W-Wörter, die ich in Anamnese-Gesprächen und im Training weitestgehend vermeide, nämlich „warum“ und „wieso“. Warum und wieso werden gerne in Verhören benutzt, um den Gesprächspartner unter Druck zu setzen und nervös zu machen. Es bringt den Gefragten in die Situation, sich rechtfertigen zu müssen, und schafft oftmals eine anklagende Atmosphäre zwischen den Gesprächspartnern. Kommunikation auf Augenhöhe ist so nicht möglich.

Im Hundetraining möchten wir aber doch das genaue Gegenteil erreichen. Es soll eine angenehme Gesprächssituation entstehen und Vertrauen aufgebaut werden.

Beispiel:
Trainer: „Warum trainieren Sie denn mit so einer Leine?“

Warum-Fragen klingen häufig wie ein Vorwurf. Fühlt der Kunde sich angegriffen und muss sich rechtfertigen, ist eine vertrauensvolle Zusammenarbeit nicht mehr möglich.

Aus dieser Frage schreit der pure Vorwurf. Besser formuliert lautet die Frage:

„Nach welchen Kriterien haben Sie die Leine ausgewählt?“ oder „Wie haben Sie sich für diese Leine entschieden?“

Sich das „warum“ und „wieso“ abzugewöhnen, ist manchmal gar nicht so einfach, begleitet es uns doch schon seit unserer Kindheit, in der wir unsere Eltern ständig mit warum, wieso, warum, wieso gelöchert haben. Im Hundetraining würden wir sagen: Das Verhalten hat sich gefestigt. Wenn Sie auch ein Warum- und Wieso-Frager sind, schreiben Sie sich einmal die Fragen auf, die Sie im Training häufig mit „warum“ und „wieso“ stellen. Im Anschluss überlegen Sie sich Alternativfragen dazu. Üben Sie dies auch ruhig erst mit Freunden und Familie, das ist häufig einfacher und Sie vermeiden, dass es sich auswendig gelernt anhört, wenn Sie es sofort während des Trainings anwenden.

Falsch: „Warum haben Sie sich denn einen Jagdterrier angeschafft?“
Besser: „Nach welchen Aspekten haben Sie sich für einen Jagdterrier entschieden?“
Falsch: „Wieso trainieren Sie nur zweimal wöchentlich?“
Besser: „Wie könnten Sie das Training optimaler in Ihren engen Zeitplan einbauen?“
Falsch: „Warum trainieren Sie nach Methode xy?“
Besser: „Wie sind Sie zu diesem Trainingsansatz gekommen?“
Falsch: „Wieso klappt der Rückruf immer noch nicht?“
Besser: „Wie haben Sie in den letzten Tagen am Rückruf gearbeitet?“

Lösungsorientierte Fragen und Gespräche

Kunden, die zu Ihnen ins Training kommen, haben häufig ein Problem mit ihrem Hund. Keine Frage, darüber müssen Sie mit ihnen reden, um an einer Lösung arbeiten zu können. Manchmal ist es aber so, dass die Kunden in diesem Problem gefangen sind und jedes Training sehr problemorientiert abläuft: „Banjo ist wieder fünfmal an mir hochgesprungen.“ „Frieda zieht immer noch so stark an der Leine.“ „Milo bellt immer noch andere Hunde an.“ Das ist nicht nur für Ihr Gegenüber aufreibend, sondern auch für Sie.

Ich bin der Meinung, im Training sollte viel häufiger über die Erfolge gesprochen werden als über die noch bestehenden Probleme. Wer nur über Probleme spricht, ist negativer eingestellt und sucht meistens auch weiterhin eher nach Hindernissen als nach einer positiven Veränderung. Die Frage: „Na, wie ist es in der letzten Woche gelaufen mit dem Training?“, ist eine Steilvorlage für problemorientierte Kunden, um ihr ganzes Leid zu klagen.

Ich arbeite mittlerweile so, dass der Kunde im ersten Gespräch einmal ganz ausführlich von seinen Problemen und den Schwierigkeiten mit seinem Hund erzählen kann. Im Anschluss erarbeiten wir den Trainingsweg, also die Lösung des Problems. Ich beschreibe dem Kunden den Weg zum Ziel gerne als eine Treppe. Jede Stufe ist ein Teilziel. Zu Beginn der nächsten Stunden sprechen wir über das, was gut geklappt hat und in welchen Bereichen das Training schon Erfolg hatte. Der Kunde kann einschätzen, wie viele Stufen er seit dem letzten Training weitergekommen ist. Im Anschluss darf er natürlich Schwierigkeiten auch ansprechen, aber sie sollten nicht im Vordergrund stehen und nicht zum Hauptthema gemacht werden.

Mit gezielten lösungsorientierten Fragen schaffen Sie es, Ihr Gegenüber von den Erfolgen erzählen zu lassen und weniger von dem, was schieflief:

- Wie sieht für Sie das optimale Trainingsziel aus?
- Wenn eine gute Fee kommt und Ihren Hund „verzaubern“ würde, wie würde das Ergebnis aussehen? Wie wäre Ihr Hund dann?
- Was klappt jetzt schon besonders gut bei Ihnen und Ihrem Hund?
- Was soll nicht verändert werden?
- Welche Ressourcen (Zeit, Erfahrung, Geduld, Motivation) bringen Sie mit, damit wir bald Erfolge erzielen können?
- Was sind für Sie die ersten Anzeichen einer Verbesserung?
- Welche Veränderung würde einem Außenstehenden (Freund, Nachbarn) wohl sofort auffallen?
- Was war Ihr schönstes Erlebnis mit Ihrem Hund in den letzten Tagen?

Kunden fällt es häufig schwer, sich selbst zu loben. Über Schwierigkeiten kann stundenlang referiert werden, aber die Fragen nach dem, was momentan schon besonders gut läuft, werden meistens kurz und nicht sehr ausführlich beantwortet. Fragen Sie daher unbedingt genau nach und lassen Ihr Gegenüber detailliert erzählen, was alles gut klappt.

Beispiel:

Trainer: „Was klappt jetzt schon besonders gut bei Ihnen und Ihrem Hund?“
Kunde: „Er orientiert sich auf dem Spaziergang an mir und schaut sich zu mir um.“
Trainer: „Das finde ich super. Wie oft schaut er sich um?“
Kunde: „Hm, so alle 20 m.“
Trainer: „Auch in einer Umgebung mit größerer Ablenkung?“
Kunde: „Ja, eigentlich überall.“
Trainer: „ Toll, das zeigt, dass Sie im Training schon vieles richtig machen. Und was klappt noch gut?“
Kunde: „Er mag meine Enkelkinder. Wenn sie zu Besuch kommen, spielt er immer Ball mit ihnen im Garten.“
Trainer: „Wie schön. Und was klappt noch gut?“

Dieses Fallbeispiel ließe sich nun noch seitenlang fortsetzen, denn es gibt viel mehr Dinge, die die Hunde schon gut machen, als Unarten, die uns stören. Das müssen wir unseren Kunden klarmachen, um mit einer besseren Grundstimmung trainieren zu können.

Damit der Kunde auch zu Hause lösungsorientiert weitertrainiert, können Sie ihm eine kleine Hausaufgabe geben, die ihn täglich daran erinnert, positiv zu bleiben: das Trainingstagebuch. Sie überlegen sich für den Kunden zu der jeweiligen Situation passende Fragen, die er täglich in dem Trainingstagebuch beantwortet, damit er sieht, welche Fortschritte erzielt werden und wie sich das Problem verändert.

Hier eine Auswahl an Fragen, die Sie nutzen können. Bitte wählen Sie zu Beginn des Trainings maximal vier Fragen aus, um den Kunden nicht zu überfordern. Sie können die Fragen von Termin zu Termin ergänzen oder durch andere austauschen:

- In welchen Situationen war das Verhalten heute so, wie Sie es sich wünschen?
- Wie oft hat Ihr Hund das Verhalten heute gezeigt?
- Was haben Sie getan, damit Ihr Hund sich so verhalten hat?
- Was können Sie morgen tun, damit Ihr Hund sich wieder so verhält?
- Welche Übung haben Sie heute mit Ihrem Hund gemacht, die er besonders gut kann und gerne macht?

- Was haben Sie heute getan, damit Sie und Ihr Hund einen schönen Moment hatten? (Lieblingsspiel, Keks geteilt, gekuschelt)

In den darauf folgenden Terminen geht es nun darum, zu erörtern, was sich in der Zwischenzeit verändert hat. Stellen Sie hierbei nicht das Problem in den Vordergrund, sondern die Verbesserung:

- Was ist seit dem letzten Treffen besser geworden?
- Was hat seit unserem letzten Termin besonders gut geklappt?
- In welcher Situation hat es besonders gut geklappt?
- Was haben Sie getan, damit es so gut klappt?
- Was können Sie tun, damit es noch besser klappt?

Ein Lob für erste Trainingserfolge motiviert nicht nur den Hund, sondern auch die Hundebesitzer sehr.

Lassen Sie Ihr Gegenüber spüren, dass Sie jede kleinste Veränderung wertschätzen, und stellen Sie Fragen zu den positiven Erlebnissen. Das vermittelt Ihrem Kunden Kompetenz und das Gefühl, es zu schaffen:

- Das freut mich sehr, dass es geklappt hat. Berichten Sie mal genau, wie es im Training lief.
- Wahnsinn. Wie haben Sie das so schnell geschafft?
- Toll. Ich hätte nicht gedacht, dass es schon so gut läuft. Wie war das Training für Sie?

Aber bitte: Dieses Lob *muss* echt sein und darf sich auf keinen Fall anhören wie in einem amerikanischen Shopping-Kanal.

Verläuft das Training völlig chaotisch oder hat sich durch eine gefestigte „Unart“ noch keine Verbesserung eingestellt, sollten Sie auf keinen Fall Lob heucheln. Um den Kunden trotzdem weiter motiviert an der Lösung arbeiten zu lassen, wenn es mal nicht so läuft, könnten Sie sagen: „Ich finde es toll, dass Sie so ehrgeizig trainieren und nicht den Mut verlieren. Das schafft nicht jeder.“ So loben Sie nicht den Erfolg, der sich zurzeit noch nicht einstellt, sondern die Mühe, die der Kunde sich macht – und das ist in diesem Fall ehrlicher.

Alternativfragen

Als Alternativfragen werden Fragen bezeichnet, bei denen man nur die Möglichkeit hat, zwischen zwei Antworten zu wählen. Sie zählen zu den geschlossenen Fragen, lassen sich aber dennoch nicht mit „Ja“ oder „Nein“ beantworten, sondern der Gefragte muss sich zwischen den angebotenen Möglichkeiten entscheiden.

Für Alternativfragen gibt es im Hundetraining viele Anwendungsmöglichkeiten: die redselige Kundin, der Gruppenunterricht, in dem eine offene Frage und die anschließende Entscheidungsfindung den Rahmen sprengen würde, oder ein neuer Termin, der vereinbart werden soll. Manchmal ist es einfach einfacher, die Kunden zwischen zwei vorgegebenen Möglichkeiten eine Entscheidung treffen zu lassen.

Beispiel:

Nächste Woche steht ein Social Walk an. Ihre Kunden sollen auch mitsprechen dürfen, wo der Treffpunkt ist. Sie könnten nun zum Beispiel fragen: „Wo wollen wir uns nächste Woche zum Social Walk treffen?" Im Anschluss beginnt wahrscheinlich eine wilde Diskussion. Jeder hat eine tolle Idee. Der eine möchte in der Stadt trainieren, der andere im Wald oder im Park.

Stellen Sie aber die Alternativfrage: „Wollen wir uns für den Social Walk lieber im Wald oder im Park treffen?", können die Kunden immer noch mit entscheiden, Sie grenzen es aber ein und lassen lediglich die Wahl zwischen zwei Antwortmöglichkeiten.

In einem Einzeltraining, in dem Sie am Ende der Stunde einen neuen Termin vereinbaren wollen, lautet die Frage häufig: „Wollen wir direkt einen Anschlusstermin vereinbaren?" Hier ist der Kunde völlig frei in seiner Entscheidung. Es kann sein, dass er direkt einen neuen Termin vereinbart, er kann aber auch mit „Nein" antworten oder auf eine telefonische Terminvereinbarung in den nächsten Tagen verweisen, wenn er sieht, wie das Training anschlägt. Besser wäre es, hier also auch eine Alternativfrage zu nutzen. Diese könnte lauten: „Wollen wir den nächsten Termin wieder für Mittwoch oder fürs Wochenende vereinbaren?", oder: „Passt Ihnen das nächste Training besser diese oder nächste Woche?"

Alternativfragen sollten nur verwendet werden, wenn Sie Angebote machen möchten oder eine Entscheidung zu treffen ist, nicht aber, wenn Sie noch in der Anamnese sind. Hier ist diese Fragetechnik eher kontraproduktiv, da der Kunde nicht frei und ausführlich berichten kann, sondern durch zwei Auswahlmöglichkeiten eingegrenzt wird. Wichtige Informationen könnten nicht zur Sprache kommen. Fragen Sie also nicht: „Bellt Purzel eher kleine oder eher große Hunde an?"

Weitere Beispiele für Alternativfragen:

- Möchtet ihr als neues Kursangebot lieber Mantrailing oder lieber Objektsuche machen?
- Soll das Gruppentraining in den Wintermonaten besser Samstag- oder Sonntagvormittag stattfinden?
- Passt euch besser 16 oder 17 Uhr für den Social Walk?
- Wollt ihr das Stadttraining lieber in Stadt A oder Stadt B machen?

Alternativfragen eignen sich auch dazu, Grenzen zu setzen oder dem Gesprächspartner die Wahl zwischen zwei Möglichkeiten zu geben, die vielleicht beide nicht unbedingt gewünscht sind.

Beispiel:

Ein Kunde erscheint – trotz Aufforderung, dies zu unterlassen – wiederholt mit einem Würgehalsband zum Unterricht. Sie könnten nun sagen: „Mit solchen Methoden arbeite ich nicht. Entweder entfernen Sie das Halsband oder wir brechen den Unterricht ab!"

Natürlich ist es Ihr gutes Recht, so zu reagieren. Mit einer Alternativfrage können Sie die Situation aber etwas entschärfen. Allein durch die Fragestellung wirkt es schon deeskalierend und Ihr Gegenüber hat das Gefühl, selbst entscheiden zu können. Die Frage könnte nun lauten: „Möchten Sie den Unterricht abbrechen oder lieber ein anderes Halsband benutzen?"

Paraphrasieren

Paraphrasieren meint, dass wir das Gesagte des Gesprächspartners mit eigenen Worten wiederholen. Die Wiederholung zeigt dem Kunden, dass Sie sich für das interessieren, was er Ihnen mitteilt, und dass Sie richtig zugehört haben. Durch Paraphrasieren kann das Wesentliche und Wichtigste der Aussage zusammengefasst werden.

Beispiel:
Kunde: „ Wenn ich mit Blacky nachmittags durch den Wald gehe, will er immer die Jogger jagen. Er würde sie nicht beißen, er möchte nur hinterherrennen, aber er jagt sie eben und ich weiß nicht, was ich machen soll. Deswegen habe ich den Termin mit Ihnen vereinbart."
Trainer: „ Sie sagen also, Blacky rennt im Park Joggern hinterher, aber beißen würde er sie nicht?"
Kunde: „Ja, das ist richtig."

Die bestätigende Antwort zeigt, dass Sie das Gesagte richtig zusammengefasst haben und der Kunde sich verstanden fühlt.

Paraphrasieren bietet sich in allen Gesprächsbereichen an, in denen Sie bestätigen wollen oder sich vergewissern möchten, dass Sie alles richtig verstanden haben. Vor die Zusammenfassung des Gesagten können Sie eine kurze Einleitung setzen. Hier ein paar Beispiele:

- Sie sagen also, dass ...
- Sie denken also, dass ...
- Wenn ich Sie richtig verstanden habe, meinen Sie ...
- Ihre Erfahrung ist also ...
- Es ist Ihnen wichtig, dass ...
- Sie glauben, wenn ...

Verbalisieren

Während es beim Paraphrasieren um die Wiedergabe der Sachinhalte geht, geht es beim Verbalisieren um das Erkennen und Aufgreifen der emotionalen Inhalte.

Beispiel:
Kunde: „Wenn ich mit Blacky nachmittags durch den Wald gehe, will er immer die Jogger jagen. Er würde sie nicht beißen, er bellt sie nur an und möchte hinterherrennen.
Ich weiß nicht, was ich da machen soll. Deswegen habe ich den Termin mit Ihnen vereinbart."
Trainer: „Sie sorgen sich, weil Blacky nicht hört und Jogger sich beschweren könnten?"
Kunde: „Ja, das ist richtig. Ich habe schon ein ungutes Gefühl, wenn ein Jogger um die Ecke biegt und Blacky etwas von mir entfernt ist."
Trainer: „Es macht Ihnen Angst, die Situation nicht richtig unter Kontrolle zu haben?"
Kunde: „Ja, genau. Ich hoffe, Sie können mir da helfen."

Gerade Kunden, die mit problematischen Hunden zum Training kommen, sind emotional häufig sehr aufgewühlt. Indem wir verbalisieren, geben wir die Gefühlslage des Kunden wieder. Wir zeigen Einfühlungsvermögen für die Problematik. Durch dieses emphatische Verhalten können wir eine Beziehung zum Kunden aufbauen und Vertrauen schaffen. Die Außenwirkung ist: Da ist jemand, der mich ernst nimmt und versteht.

Fragen im Unterricht

Wir alle kennen diesen einen Lehrer, bei dem wir im Unterricht fast eingeschlafen wären. Er steht vor der Klasse und hält narkotisierende Monologe. Was er sagt, ist nicht uninteressant, aber da die Schüler nur Statisten in seinem

Verbalisieren: Es macht Ihnen Angst, die Situation nicht richtig unter Kontrolle zu haben?

Klassenraum sind und sich so gut wie nie aktiv beteiligen können, wird auch das spannendste Thema zum Schlafmittel. Durch Monologe und nicht aktiv in Theorieeinheiten eingebundene Schüler (und bei uns Hundeschulkunden und Seminarteilnehmer) bleibt außerdem auch nur sehr wenig vom Gesagten dauerhaft hängen. Es ist bewiesen, dass Schüler schon nach einer Redezeit von durchschnittlich 30 bis 40 Sekunden nicht mehr zu hundert Prozent bei der Sache sind.

Egal, ob im Gruppenunterricht auf dem Hundeplatz oder im Seminarraum theoretisches Wissen vermittelt wird, es ist kurzweiliger und effektiver, wenn Sie mit Fragetechniken arbeiten. Eigentlich dienen Fragen dazu, um etwas in Erfahrung zu bringen. Lehrer, aber auch Sie als Hundetrainer oder Dozent stellen Fragen, obwohl Sie die Antwort schon kennen. Die Fragen haben hier ein anderes Ziel. Sie sollen:

- den Unterricht lebendig machen
- zum Mitdenken und Mitmachen anregen
- motivieren
- die Konzentration erhöhen
- vorhandenes Wissen abfragen
- neues Wissen vermitteln
- Gelerntes festigen
- zum Nachdenken und Reflektieren anregen
- neue Impulse geben

Welche Fragetechniken sind im Unterricht die richtigen? Das ist gar nicht so leicht zu beantworten, denn viele Faktoren spielen hier eine Rolle. Wie ist die Gruppe zusammengesetzt? Welche Vorerfahrungen haben die Teilneh-

„Was seht ihr auf dem Foto? Wie verhält sich der Hund? Was macht die Besitzerin?" – Achtung: Fragenketten überfordern. Besser ist es, Fragen nacheinander zu stellen.

mer? Welche Ziele will ich erreichen? Wie viel Zeit habe ich zur Verfügung? Dennoch gibt es einige Kriterien zur richtigen Anwendung von Fragen im Unterricht.

Kurz und eindeutig Je genauer Sie sich eine Antwort wünschen, desto präziser sollte die Frage formuliert sein. Überlegen Sie vorher, welche Antwort Sie bekommen wollen, und stellen Sie dazu eine kurze prägnante Frage.

Kenntnisstand berücksichtigen Bedenken Sie bei Ihren Fragen den Ausbildungsstand der Gruppe. Zu einfache Fragen können schnell langeweilen, wohingegen zu schwierige Fragen frustrieren. Beides führt eventuell dazu, dass sich die Teilnehmer nicht mehr aktiv am Unterricht beteiligen. In Hundeschulseminaren haben wir meistens eine sehr heterogene Gruppe mit einem unterschiedlichen Wissensstand. Hier können Sie Fragen unterschiedlicher Schwierigkeitsgrade stellen. So werden alle gleichermaßen mit einbezogen.

Der Mix macht's Es gibt nicht die eine richtige Fragetechnik für Gruppenunterricht. Im Gegenteil: Variieren Sie die Fragen, so wie es gerade passt und sinnvoll ist. Offene Fragen können genutzt werden, um Wissen abzufragen und von Erfahrungen berichten zu lassen. Geschlossene Fragen, um Antwortmöglichkeiten einzugrenzen und Diskussionen nicht ausufern zu lassen. Paraphrasen als Frage formuliert („Sie sagen, der Hund auf dem Foto zeigt

Spielverhalten, weil ...?) regen zum Mitmachen und Nachdenken an. Seien Sie kreativ, dann wird der Unterricht lebendig.

Suggestivfragen vermeiden Trauen Sie Ihren Schülern ruhig etwas zu und legen Sie ihnen nicht die Antwort durch suggestive Fragen wie: „Du meinst doch auch, dass ..., oder?", in den Mund. Diese Art zu fragen lässt wenig Spielraum, die Teilnehmer denken nicht mit und schalten eventuell schnell ab.

Keine Fragenketten „Beschreibt mir doch bitte, was ihr auf dem Foto seht? Welchen Ausdruck seht ihr bei Hund 1? Welchen bei Hund 2? Würdet ihr in die Situation eingreifen?" Uff, von so vielen Fragen ist man schnell erschlagen und kann sich meistens auch gar nicht alle merken. Besser ist es hier, die Fragen nach und nach abzuarbeiten. So werden auch gleich mehrere Teilnehmer einbezogen und alle bleiben aufmerksam.

Ironie verunsichert Fragen Sie mit mildem Lächeln und ironischer Stimme: „Wie kommst du denn auf die Idee, dass Snoopy dominant ist?", wird das bei Ihrem Gegenüber nicht sehr gut ankommen und sich der Kunde zu Recht bloßgestellt fühlen. Im Hundeschulunterricht geht es häufig humorvoll und lustig zu, aber verunsichern Sie bitte nicht mit hemmenden Fragen, sodass sich bald niemand mehr traut, etwas zu sagen.

Schweigen aushalten Die Frage ist gestellt, aber es antwortet nicht sofort jemand? Schweigen auszuhalten, muss man üben. Ich kann durchaus nachvollziehen, dass es zu Beginn sehr unangenehm ist, aber versuchen Sie nicht, sofort die Stille mit weiteren Fragen oder Ergänzungen zu unterbrechen. Lassen Sie den Teilnehmern genügend Zeit zum Nachdenken, um Ihre Frage beantworten zu können.

Redekompetenzen, Stolpersteine, Lösungsvorschläge

Fachlich fühlen Sie sich fit und auch Ihre Unterrichtsinhalte sind perfekt auf das jeweilige Thema abgestimmt? Trotzdem haben Sie manchmal das Gefühl, der eine oder andere Kunde schweift ab, ist mit den Gedanken woanders oder kann Ihnen nicht folgen? Das kann schnell verunsichern. Kommen die Trainingsinhalte nicht an? Mache ich etwas falsch, langweile oder überfordere ich meine Kunden?

Das muss nicht der Fall sein. Auch wenn Sie inhaltlich einwandfrei sind, kann es vielleicht daran liegen, *wie* Sie etwas vermitteln. Haben Sie schon einmal Ihre eigene Sprache überprüft? Wie reden Sie? Was nimmt der Hundebesitzer wahr und was geht vielleicht unter? Wie Sie Stolpersteine vermeiden und im Unterricht auch sprachlich souverän rüberkommen, bearbeiten wir in diesem Kapitel.

Der eigene Sprachgebrauch

„Minä Hund isch im Hüüs total liaäb und verschmüst, aber wenn är vorna en Hase gseht, raschtet är üs." Verstehen Sie das? Geschrieben vielleicht noch, aber schnell gesprochen wohl eher nicht. Es ist Schweizerdeutsch und bedeutet übersetzt: „Mein Hund ist im Haus total lieb und verschmust, aber wenn er draußen einen Hasen sieht, rastet er aus."

Täglich treffen wir auf Menschen mit unterschiedlichen rhetorischen Fähigkeiten, stark auseinanderklaffendem Bildungsniveau, Dialekten und Mundarten. Manchmal haben wir Mühe, den Erzählungen zu folgen, weil wir vielleicht den bayrischen Dialekt oder die friesische Mundart nicht verstehen. Eventuell erklärt der Kunde aber auch für uns völlig unverständlich einen Zusammenhang, sodass wir dreimal nachfragen müssen, bis klar ist, auf was der Hundehalter hinauswill. Oder hatten Sie schon mal einen Teilnehmer im Training, der mit Fremdwörtern um sich wirft, sodass Sie einen Duden benötigten, um ihn zu verstehen? Solche Situationen sind anstrengend, weil wir die ganze Zeit versuchen, das Gesagte zu verstehen, und uns auf das eigentliche Training gar nicht konzentrieren können.

Haben Sie den Kunden dann schon mal gebeten, Hochdeutsch zu sprechen, sich verständlicher auszudrücken oder weniger Fremdwörter zu benutzen? Wahrscheinlich nicht. Keiner will seinen Gesprächspartner bloßstellen, weil er wirr durcheinander redet, aber auch sich selbst will man nicht outen, wenn nie gehörte Fremdwörter fallen und man nur Bahnhof versteht.

Wie aber geht es wohl den Hundeschulkunden, wenn der Trainer spricht? Verstehen sie uns immer? Haben Sie Ihren eigenen Sprachgebrauch schon mal reflektiert? Sprechen Sie hochdeutsch oder in einem regionalen Dialekt? Benutzen Sie bei jedem Teilnehmer Fachbegriffe oder erklären Sie individuell nach Kenntnisstand und Bildungsniveau der Kunden? Werden Sie verstanden oder haben Sie manchmal das Gefühl, der Kunde fragt nur aus Höflichkeit nicht noch mal nach?

Denke Sie einmal über Ihren eigenen Sprachgebrauch nach. Was ist wichtig für eine verständliche Sprache? Wie muss ich reden,

Eine verständliche Sprache im Unterricht ist Voraussetzung für das erfolgreiche Training.

damit alle folgen können? Welche Wörter und Fachbegriffe kann man in welcher Situation nutzen und was sind klassische Gesprächsfallen?

Wie rede ich?

Jeder Mensch ist in seiner Sprache völlig individuell. Haben Sie sich schon einmal bewusst damit beschäftigt, wie Sie sprechen und wie das Gesagte beim Gegenüber ankommt? Sprechen Sie schnell oder langsam? Laut oder leise? Wie betonen Sie Sätze? Verschlucken Sie Wörter oder füllen Sie Sätze gerne mit „ähm"? All das ist ausschlaggebend dafür, wie Ihre Kunden Sie wahrnehmen. Keine Angst, niemand ist perfekt und gerade wir Hundetrainer müssen beim Unterrichten – also beim Sprechen – einiges leisten. Lehrer und Dozenten haben ihre Bücher häufig auf dem Tisch liegen und können ab und an mal reinschauen, wenn sie nicht weiterwissen. Im Hundeschulunterricht auf der grünen Wiese würde es sehr merkwürdig aussehen, wenn Sie ein Buch in der Hand halten und daraus unterrichten. Das bedeutet, dass Sie alles im Kopf haben müssen: den Ablauf der Stunde, das Fachwissen, das dahintersteckt, und dann auch noch all die Fragen, die nebenbei auftauchen und nichts mit dem Thema der Stunde zu tun haben. Das kann verunsichern und manchmal verliert man auch den Faden. Oder man will es schnell hinter sich bringen und redet wie ein Wasserfall. Auch das Gegenteil ist möglich: Ich hatte mal einen Lehrer, der so langsam gesprochen hat, dass wir Schüler seine Sätze gedanklich beendet haben. Bekanntlich ist noch kein Meister vom Himmel gefallen. Sprechen lässt sich trainieren.

Sprechen üben

Zuerst müssen Sie herausfinden, *wie* Sie sprechen und wie Ihr Lehren auf andere wirkt. Das können Sie machen, indem Sie bei Ihren Kunden einmal nachfragen, ob Sie verständlich sprechen und alles verstanden wird – aber da kann ich Ihnen versichern, dass man mit Ihnen nicht ehrlich sein wird. Der Mensch, das Bequemtier, möchte keine Umstände machen und wird den einfachen Weg gehen.

Am besten lässt sich die eigene Sprache überprüfen, wenn Sie eine Unterrichtsstunde aufnehmen. Entweder mit einem Diktiergerät oder über die Aufnahmefunktion Ihres Mobiltelefons. Ja, ich weiß, das macht keinen Spaß und die eigene Stimme zu hören findet auch nicht jeder angenehm – aber anders geht es nicht. Hören Sie sich im Anschluss die Aufnahme an, werden Sie die ersten Fehler schnell selbst herausfinden: zu schnell oder zu langsam gesprochen, verhaspelt, Äääähms, Faden verloren ... Wenn Sie an Ihrer Aussprache arbeiten wollen, damit Ihre Kunden Sie besser verstehen, können Sie Folgendes tun:

Sätze vorbereiten

Erst denken, dann reden. Schnell ist ein Satz ausgesprochen, den man eigentlich ganz anders oder erst zu einem späteren Zeitpunkt sagen wollte. Und nun? Zurückrudern, korrigieren oder einfach weitermachen? Erst denken, dann reden!

Um sich nicht zu verhaspeln, etwas nicht zu vergessen oder die Sätze nicht in der richtigen Reihenfolge zu sagen, überlegen Sie sich vorher im Kopf, was sie sagen wollen. Sie können sich die Sätze auch vorher aufschreiben und vorsprechen. Das ist für den täglichen Unterricht eher schwierig, aber da kommt ja schnell eine gewisse Routine auf, in der das nicht nötig ist. Wenn Sie aber in eine neue Situation kommen, sich vielleicht einer Gruppe neuer Kunden vorstellen oder einen Kurs ins Programm nehmen, den Ihre Teilnehmer noch nicht kennen, kann es von Vorteil sein, sich Sätze im Kopf zurechtzulegen. Durch die Vorbereitung werden Sie nicht nur sicherer, das Gesagte hat so auch Struktur und Unklarheiten können im Vorfeld aus dem Weg geräumt werden.

Ich mache mir in neuen Situationen vorher auch gerne einen Spickzettel mit Stichworten. So lässt sich die Reihenfolge dessen, was Sie sagen wollen, gut einhalten und Sie vergessen nichts. Keine Angst, das wirkt nicht unprofessionell. Leiten Sie es mit einer kurzen Erklärung ein: „Da wir den Kurs bei uns zum ersten Mal anbieten, möchte ich euch einen kurzen theoretischen Einblick geben und nichts vergessen, daher mein kleiner Spickzettel. Ich bin ja auch nicht mehr die Jüngste.“ So wirken Sie sympathisch und gleichzeitig gut vorbereitet. Um auf dem Spickzettel den Überblick nicht zu verlieren, notiere ich mir nur die wichtigsten Schlüsselbegriffe. Bei einem Kurs mit neuen Teilnehmern könnte mein Spickzettel wie in nebenstehender Abbildung aussehen.

Die richtige Betonung

Die richtige Betonung von Wörtern und Sätzen ist ausschlaggebend dafür, wie gut Ihr

Gegenüber Ihnen folgen kann. Sprechen Sie immer monoton und ohne Wörter oder Silben hervorzuheben, wird es schnell langweilig. Das Gesagte kommt nicht an, Ihre Kunden schalten ab. Sätze, die etwas aussagen, können Sie mit tiefer Stimme und mit Bestimmtheit enden lassen, bei Fragen hingegen enden die Sätze mit erhöhter Stimme. Lesen Sie die Sätze im folgenden Beispiel einmal laut vor.

Aussage: „Ich zeige euch noch einmal, wie ihr eurem Hund das Platz am besten beibringt.“ Frage: „Soll ich euch noch einmal zeigen, wie ihr eurem Hund das Platz am besten beibringt?“

Haben Sie gemerkt, wie Ihre Stimme das ohne nachzudenken schon von alleine regelt?

Wenn Sie noch unsicher sind, ob Sie richtig betonen, probieren Sie einmal aus, die Sätze sehr übertrieben betont auszusprechen – so, als ob Sie einem Kind ein Buch vorlesen.

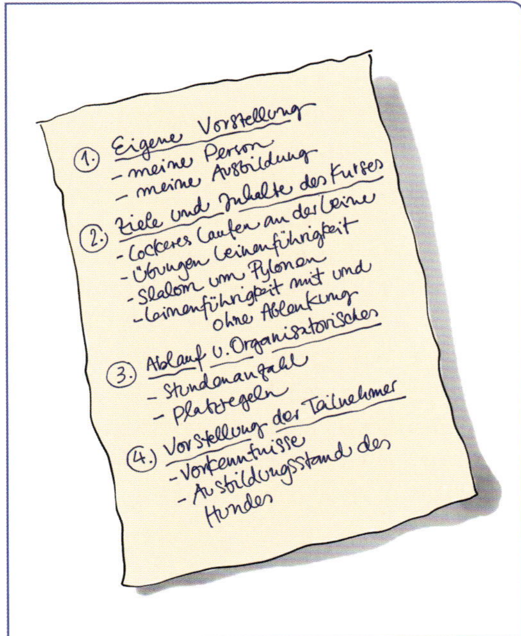

Mit dem Spickzettel wird nichts vergessen.

Natürlich nicht im Training vor den Kunden, aber zum Aussprachetraining für zu Hause eignet sich die Methode sehr gut.

Langsam sprechen

In der Ruhe liegt die Kraft. Wer gerne schnell spricht und dabei noch Silben oder ganze Wörter verschluckt, für den ist das langsame Sprechen ein nützliches Training. Langsam sprechen hat viele Vorteile:

- Sie können die folgenden Sätze schon in Ruhe im Kopf zurechtlegen.
- Sie werden besser verstanden.
- Worte haben eine bessere Wirkung, wenn Sie danach eine kurze Pause machen.
- Die Teilnehmer haben Zeit, das Gesagte einsinken zu lassen.
- Die Teilnehmer haben Gelegenheit einzuhaken und eventuell Fragen zu stellen, die sie bei einem schnell Sprechenden nicht anbringen können.

Üben Sie die langsame und deutliche Aussprache immer dann, wenn Sie alleine sind, zum Beispiel im Auto oder auf dem Spaziergang mit dem Hund. Überlegen Sie sich eine Trainingssituation, in der Sie einen Theorieteil erklären, und versuchen Sie, diesen langsam, deutlich und mit der richtigen Betonung vorzutragen.

Der Feinschliff

Nicht nur der Tonfall, die Betonung und Geschwindigkeit des gesprochenen sind maßgeblich dafür, wie gut Kunden Sie verstehen, sondern natürlich auch die Aussprache. Haben Sie schon mal ein Interview mit Til Schweiger gehört? Er hat das Nuscheln zu seinem Markenzeichen gemacht. Wir als Trainer und Dozenten sollten jedoch auf eine deutliche

Aussprache Wert legen, um bestmöglich verstanden zu werden. Üben können Sie die Aussprache, indem Sie besonders schwierige Sätze wie Zungenbrecher laut und deutlich auszusprechen üben.

Zwei Beispiele:
Fischers Fritz fischt frische Fische. Frische Fische fischt Fischers Fritz.
Oder thematisch passend: Spitze und Pudel trinken spritzenden Sprudel, spritzenden Sprudel trinken Spitze und Pudel.

Kurze Sätze

Bilden Sie möglichst kurze Sätze. Langen Schachtelsätzen kann man schlecht folgen und Sie verlieren beim Sprechen auch schneller den Faden oder wissen in dem langen Satzgewirr auf einmal nicht mehr, was Sie sagen wollten.

Verständliche Sprache

In Ihrer Ausbildung haben Sie alle einen ganzen Sack voll Fremd- und Fachwörter gelernt. Wenn Sie mit anderen Trainern fachsimpeln, können Sie die auch benutzen. Aber bitte seien Sie vorsichtig im Unterricht oder Gespräch mit einem Kunden. Wie schon zuvor erwähnt, wird er wahrscheinlich nicht nachfragen, wenn er etwas nicht versteht. Erklären Sie daher so einfach wie möglich und dem Bildungs- und Kenntnisniveau des Kunden entsprechend.

Souverän im Unterricht

Es wird sicherlich ab und zu Situationen geben, in denen Sie sich nicht ganz wohlfühlen. Das können schon kleine Auslöser sein: das neue Seminar, das Sie zum ersten Mal geben; die neue Kundin, die Sie penetrant mustert, während Sie sprechen; der Teilnehmer, der mit seinem Hund überfordert ist und gerade die Stunde sprengt, weil Sie minütlich eingreifen müssen ...

Immer souverän bei der Sache zu bleiben, ist nicht einfach, aber Sie können lernen, mit Unsicherheiten umzugehen und diese zu überwinden. Unsicherheit ist kein angeborenes Verhalten, sondern ein antrainiertes. In der Schule wurde man früher viel häufiger auf Fehler aufmerksam gemacht als auf das, was richtig war. Das prägt. Aber auch unabhängig davon neigen Menschen allgemein dazu, eher zu kritisieren als zu loben. Eine Woche Sonne – keiner sagt was. Ein Tag Regen – alle meckern. Wer oft kritisiert wurde, wird unsicher und sagt lieber nichts als das Falsche. Nun arbeiten Sie als Hundetrainer, verfügen über ein umfangreiches Fachwissen und befinden sich in einer vertrauten Umgebung, in der Sie sich wohlfühlen. Das schafft Sicherheit. Wenn Sie sich aus oben genannten Gründen unsicher fühlen, helfen Ihnen folgende Ratschläge.

Vorbereitung

Vorbereitung schafft Sicherheit. Bereiten Sie den Unterricht immer so vor, dass Sie den Ablauf der Stunde gut strukturiert haben. Sie wissen, welche Teilnehmer kommen, und kennen den Ausbildungsstand der Hunde. Die theoretischen und praktischen Inhalte der Stunde sind geplant und passende Übungen dazu parat. Sie müssen das nicht unbedingt aufschreiben, aber der Plan im Kopf sollte stehen. Kommen Sie selbst nicht in letzter Minute, am besten sind Sie da, bevor die ersten Kunden eintreffen. Bei einem theoretischen Seminar prüfen Sie vor Beginn, ob die Technik funktioniert und sich alle Dateien, Fotos und Videos aufrufen lassen. Wer während des Seminars

Gut vorbereitet, läuft das Training reibungslos.

erst anfängt zu suchen, wird schnell nervös und unsicher, wenn das Gesuchte nicht so schnell gefunden wird.

Aufgeregt? Faden verloren?

Dann sagen Sie das auch genau so. Wenn Sie versuchen, Unsicherheiten zu überspielen, indem Sie schnell etwas anderes sagen oder anfangen herumzudrucksen, wird das den meisten Teilnehmern sofort auffallen. Sagen Sie ehrlich: „Ups, jetzt habe ich gerade den Faden verloren. Wir machen mal kurz mit xy weiter, bis es mir wieder einfällt." Das ist sympathisch und keiner wird es Ihnen übel nehmen.

Auch wenn Sie zu Beginn eines Seminars mit einem für Sie neuen Thema unsicher sind, sprechen Sie offen über Ihre Aufregung: „Ich mache den Kurs hier heute zum ersten Mal, jetzt weiß ich, wie sich Schauspieler vor der Premiere fühlen."

Positive Gedanken

Es klingt fast schon etwas abgedroschen zu sagen: Denken Sie positiv. Aber genauso ist es. Malen Sie sich vor einem Seminar oder Kurs auch gerne die schlimmsten Dinge aus? Die Hunde benehmen sich wie tollwütige Tasmanische Teufel. Die Technik versagt. Die Teilnehmer zicken rum ... Worst Case, schlimmer als in jeder amerikanischen Komödie?

Probieren Sie es doch mal genau umgekehrt. Malen Sie sich aus, wie das Seminar übertrieben gut laufen könnte. Und ich meine wirklich übertrieben. Stellen Sie sich vor, alle Komplimente, die Sie bisher irgendwann bekamen, in diesem einen Seminar zu bekommen. Die Kunden sagen Ihnen, wie lange sie sich schon auf diesen oder jenen Kurs freuen, dass sie schon den nächsten gebucht haben, dass sie schon so viel Gutes über Sie gehört haben, dass sie Sie schon weiterempfohlen

Sprache und Körperhaltung werden immer ganzheitlich wahrgenommen. Achten Sie daher im Unterricht auch auf eine offene und freundliche Körpersprache.

haben, wie zufrieden sie mit dem letzten Kurs waren, dass sie nach langem Suchen endlich den richtigen Trainer gefunden haben. Alle, einfach alle Komplimente, die Sie mal hier mal da bekamen, rufen Sie sich wieder ins Gedächtnis und denken daran zurück, wie gut diese Komplimente getan haben. Keine Angst, das hat nichts mit Narzissmus zu tun, aber Sie werden so in eine gute Grundstimmung versetzt. Viele Redner oder Schauspieler wenden diese Technik an, bevor sie auf die Bühne gehen, und legen so ihre Unsicherheit ab. Es funktioniert!

Körperhaltung

Auch die Körperhaltung ist für das selbstsichere Durchführen des Unterrichts wichtig. Die Art, wie Sie die Arme halten, mit den Händen spielen oder wie Sie sitzen, zeigt dem Kunden, wie Sie sich fühlen. Verstecken Sie sich bei einem Theorieseminar nicht hinter dem Schreibtisch. Natürlich können Sie dort mal sitzen, wenn Sie am Laptop ein Video zeigen oder eine Datei öffnen, aber grundsätzlich wirken Sie souveräner, wenn Sie vor dem Schreibtisch stehen. Trainieren Sie draußen auf dem Hundeplatz, neigt man dazu, die Hände mal in die Taschen zu stecken oder die Arme zu verschränken. Eine offene Körperhaltung wirkt auch hier offener und freundlicher. Wenn Sie nicht wissen, wohin mit Ihren Händen, behalten Sie einfach einen Gegenstand aus dem Unterricht in der Hand, ein Apportel, Dummy oder einen Clicker. Etwas in den Händen zu halten, schafft auch Sicherheit.

Spickzettel

Wie eben schon erwähnt, kann ein kleiner Spickzettel hilfreich sein, wenn Sie Angst haben, etwas zu vergessen. Notieren Sie sich in Stichpunkten, was Sie eventuell vergessen könnten. So haben Sie die Sicherheit in der Tasche und können bei Bedarf draufgucken.

Unterricht reflektieren

Gehen Sie den Unterricht nach dem Ende der Stunde im Kopf noch mal durch. Wo hatten Sie Schwierigkeiten, was lief besonders gut? Haben Sie Ihr Unterrichtsziel erreicht? Das Reflektieren hilft Ihnen, kommende Seminare und Trainings besser zu gestalten. Holen Sie sich auch das Feedback Ihrer Kunden ein. Feedback ist wichtig, um sich weiterzuentwickeln. Auch wenn es nicht nur positiv ist, ehrliches Feedback hilft Ihnen, an bestehenden Baustellen zu arbeiten.

Die Belohnung

Genau wie Sie Ihren Hund belohnen, wenn er eine neue Herausforderung gemeistert hat, dürfen Sie sich natürlich auch belohnen, wenn Sie etwas geschafft haben, wo Sie im Vorfeld sehr unsicher waren. Ein Eis nach dem neuen Kurs oder ein Buch, das Sie schon lange haben wollen – das haben Sie sich verdient.

Umgang mit unterschiedlichen Gesprächstypen

Im Hundetraining treffen wir auf die unterschiedlichsten Menschentypen. Das kann sehr spannend, manchmal aber auch fordernd sein. Im Training wollen wir allen gerecht werden, keinen vernachlässigen. Wie integriere ich eine schüchterne introvertierte Kundin am besten, wie bremst man den Redseligen aus, ohne dass er sich auf den Schlips getreten fühlt? Kann ich in einer Stunde alle Fragen des Wissbegierigen beantworten und trotzdem noch ausreichend auf den Pessimisten eingehen? Welche Strategien bremsen den Provokateur und Neunmalklugen und warum kommt der Optimist manchmal zu kurz?

Keine Angst, in der Regel haben Sie es im Unterricht mit ganz normalen Kunden zu tun, das wird Ihre Erfahrung bestätigen, und wenn Sie gerade erst neu starten als Trainer, werden Sie auch schnell merken, dass die hier aufgeführten Gesprächstypen nicht in jeder Stunde zu finden sind. Aber es gibt sie und darum sollten Sie sich damit befasst haben.

Im Unterricht treffen Trainer auf die unterschiedlichsten Charaktere – hier der Optimist.

Der Redselige

„Platz habe ich am Wochenende auch trainiert, hat super geklappt ... Wir hatten Besuch von ... da habe ich es auch gezeigt ... Nächsten Monat sind wir in Berlin... gut, dass er es dann kann, weil wir abends essen gehen wollen ... Berlin ist suuuper schön, wir waren schon oft dort ... Das Restaurant kann ich empfehlen ... und den Spreewald ... da habe ich vor 10 Jahren mal ...“

Wenn der Redselige loslegt, kommen andere nicht mehr zu Wort. Ohne Punkt und Komma wird nicht nur das aktuelle Thema des Unterrichts aufgegriffen, der Redselige schweift auch gerne vom Thema ab. Er ist selbstbewusst, hört sich gerne selbst reden und neigt manchmal auch dazu zu übertreiben.

Im Unterricht

Allgemein gilt es als gutes Benehmen, andere Menschen ausreden zu lassen. Bei einem Redseligen kann dies jedoch im Unterricht völlig aus dem Ruder laufen und kein Ende finden. Daher geht es nicht anders, als zu unterbrechen. Am besten wartet man den nächsten guten Moment ab und geht dazwischen, indem man das Thema kurz aufgreift: „Stimmt, der Spreewald soll wunderschön sein, da möchte ich auch einmal hin. Sooo, jetzt machen wir weiter ...“ Indem Sie den Satz aufgreifen, signalisieren Sie, dass Sie zugehört haben und sich für das Gesagte interessieren. Würden Sie einfach nur unterbrechen und weitermachen, fühlt sich der Erzähler wahrscheinlich auf den Schlips getreten oder nicht beachtet.

Lässt sich der Redselige gar nicht unterbrechen, ist es sinnvoll, Regeln für den Unterricht aufzustellen. Einige einfache Regeln könnten sein, dass nur einer redet, dass Fragen kurz und präzise gestellt werden und dass man nicht vom Thema abschweift. In Theorieeinheiten muss man sich durch Handheben melden. Für alle Kunden, die noch Kochrezepte austauschen oder über den Urlaub schnacken wollen, bieten Sie die Möglichkeit, nach dem Unterricht auf dem Platz zu reden. Wenn Sie diese Regeln in einer bestehenden Gruppe neu aufstellen, prangern Sie bitte niemand an: „Weil Frau Müller gerne viel erzählt, stellen wir ab heute folgende Regeln auf, damit wir mit dem Unterricht fertig werden.“ Wahrscheinlich und zu Recht kommt Frau Müller danach nie wieder. Besser wäre es zu sagen: „Ich habe überlegt, wie wir unseren Unterricht in Zukunft effektiver gestalten können, daher führen wir ab heute folgende kleine Regeln ein.“

Im Einzeltraining

Im Einzeltraining ist es mir häufiger passiert, dass Kunden ebenfalls lang und ausdauernd Geschichten erzählen. Auch diese Erzählungen haben oft nichts mit der eigentlichen Problematik und dem Grund des Termins zu tun. Hier muss man nun abwägen. Die Abschweifung stört erst mal niemand, denn es ist ein Einzeltraining. Dennoch ist es für Sie als Trainer wahrscheinlich eher unbefriedigend, zu einem Termin gerufen zu werden, in dem das Verbellen anderer Hunde abtrainiert werden soll, und dann wird während der gesamten Stunde und dem Gang um den Block nur in ausufernden Geschichten an die Unarten des bereits verstorbenen Dackels erinnert. Hier können Sie mehrere Wege einschlagen:

- Der Kunde wird höflich unterbrochen und das Training fortgesetzt.
- Der Kunde darf seine Geschichte ausführlich erzählen. Am Ende der Stunde greift

man höflich das Abschweifen auf, indem man zum Beispiel sagt: „Schade, dass ich Ihren Beppo nicht mehr kennengelernt habe. In der nächsten Stunde sollten wir uns dann intensiv mit Cleo beschäftigen."

- Der Kunde hat während der Erzählungen gar nicht bemerkt, dass das Problem mit dem Verbellen anderer Hunde gar nicht oder deutlich weniger als sonst bestanden hat, obwohl mehrere Hunde im Park den Weg kreuzten. Dies kann ein guter Trainingsansatz sein. Steht das Problem nicht im Fokus und ist der Hundehalter nicht ausschließlich darauf konzentriert, zeigen Hunde es häufig auch wenig ausgeprägter.

Welchen Weg Sie einschlagen, sollte im Einzelfall vom Kunden abhängig gemacht werden.

Der Schweigsame

Haben Sie Kunden in Ihrem Unterricht, die sich verbal fast nie beteiligen? Sie kommen zum Unterricht, machen die Übungen mit, aber reden so gut wie gar nicht. Ich bin dann immer etwas verunsichert, weil ich nicht weiß, ob derjenige einfach nur etwas zurückhaltend ist, weil es noch neu in der Gruppe ist, oder sich so konzentriert, dass er sich einfach nicht äußert. Auch die eigene Verunsicherung, ob der stille Mitmacher vielleicht mit dem Unterricht nicht zufrieden ist, schwingt immer mit.

Versuchen Sie in einem Zweiergespräch nach dem Unterricht die Gründe herauszufinden. Handelt es sich um einen ruhigen introvertierten Kunden, der einfach nicht gerne im Mittelpunkt steht? Das ist in Ordnung. Er kann auch mitarbeiten, ohne große Reden zu schwingen.

Handelt es sich um einen schüchternen Kunden, können Sie versuchen, ihn mit offenen Fragen zu integrieren. Diese sollten zu Beginn so gestellt sein, dass er sie auf jeden Fall beantworten kann und nicht bloßgestellt und noch mehr verunsichert wird. Ein freundlich gefragtes: „Und was hat bei euch zu Hause beim Training gut geklappt?", bringt den Unsicheren gleich dazu, von positiven Dingen zu berichten. Fragen Sie hingegen: „Und wie lief's bei euch?", neigt man dazu, eher von negativen Ereignissen – also dem, was nicht lief – zu berichten. Kann der Schüchterne sich ab und zu positiv einbringen, wird er die Schüchternheit vielleicht ablegen und sich aktiver beteiligen.

Ist der Kunde ruhig und still, weil ihm etwas nicht gefällt und er vielleicht mit dem Training unzufrieden ist, aber nichts sagt, ist es höchste Zeit, das Gespräch zu suchen. Was auch immer das Problem ist, versuchen Sie eine Lösung zu finden, damit der Unterricht ohne Missmut weitergeführt werden kann.

Der Wissbegierige

Wie viele Fragen kann ein Hundehalter in einer Stunde eigentlich stellen? Haben Sie sich das auch schon mal gefragt? Nach solchen Stunden brummt mir der Schädel, aber trotzdem mag ich diese Kunden sehr. Sie wollen lernen und sind bereit, sich auf Neues einzulassen. Unsere Aufgabe ist es nun, diesen Fragenfluss in Bahnen zu lenken, die auch für die anderen Anwesenden akzeptabel sind, damit sich niemand vernachlässigt fühlt.

Handelt es sich um Fragen, von denen alle profitieren können? Dann bauen Sie ruhig eine kleine Theorieeinheit in den Praxisteil ein. Sind die Fragen eher speziell? Dann sagen Sie dem Kunden, dass Sie die Frage nach dem Unterricht ausführlich beantworten, da es gerade während der Stunde unpassend ist. Ich bitte meine Teilnehmer immer, mich nach der Stunde kurz daran zu erinnern, damit es nicht vergessen wird. Möchte der Hundehalter sich intensiv mit einem Thema beschäftigen, empfehle ich dazu auch Fachliteratur. Viele Hundehalter bilden sich gerne weiter und freuen sich über Lesetipps.

Haben Sie eine Einzelstunde mit dem 1000-Fragen-Steller, achten Sie darauf, den roten Faden nicht zu verlieren, da man schnell vom eigentlichen Thema abschweift und die Stunde dann plötzlich um ist. Wurden viele Themen angerissen, aber keines richtig besprochen, ist dies für den Hundehalter eher unbefriedigend. Was Sie tun können: Loben Sie den Kunden für die Wissbegierigkeit und sein Interesse, bitten Sie aber darum, jedes Thema einzeln abhandeln zu können. War das heutige Thema mangelnde Stubenreinheit, bleiben Sie auch erst mal dabei. Ist im Anschluss noch Zeit, ein neues Thema zu beginnen, können diese Fragen dann beantwortet werden, andernfalls vereinbaren Sie einen Anschlusstermin.

Der Neunmalkluge

Dieser Zeitgenosse meldet sich zu Ihrer Gruppenstunde an und Sie fragen sich: warum? Er kann alles, weiß alles, und das meistens auch noch besser. Seine Sätze beginnen mit „Ja, aber ...“, denn er hat zu allem eine andere, bessere Meinung und mit Kritik tut er sich schwer. Puh, das kann ganz schön anstrengend sein. Als Erstes sollten Sie sich fragen, warum der Kunde wohl so handelt. Ist er beruflich Vorgesetzter oder eventuell Lehrer, also in einer Position, in der es wichtig ist, viele Entscheidungen zu treffen und rhetorisch sehr gewandt zu sein? Dann könnte es sein, dass er dies zum Feierabend nicht ablegen kann und immer auch seine Meinung kundtun möchte. Sie müssen nun entscheiden, wie Sie mit solchen Kunden am besten umgehen. Ignorieren? Diskutieren? Berichtigen? Mit Witz und Charme? Jeder reagiert anders und Reaktionen sind auch tagesformabhängig. Entscheiden Sie, welche Reaktion in welcher Situation die beste ist.

Ignorieren Überspielen Sie das Gesagte geschickt mit einem Lächeln und machen mit dem Unterricht weiter. Hierfür braucht man eine gute Impulskontrolle und gute Nerven. Manchmal ist es aber besser, Dinge einfach zu „überhören“, vor allem wenn sie für den Unterricht nicht relevant waren.

Mit der Situation konfrontieren Wenn Sie der Meinung sind, die Situation nicht ignorieren zu können, weil zum Beispiel Ihre Kompetenz infrage gestellt wird, sprechen Sie dies bei dem Kunden offen an. Um ihn nicht bloßzustellen, nehmen Sie ihn nach dem Unterricht zur Seite. Als Gesprächsstrategie eignet sich hier gut das Prinzip der Gewaltfreien Kommunikation (GFK) des amerikanischen Psychologen Marshall B. Rosenberg (1934–2015), das sich in vier Schritte unterteilt: Wahrnehmung, Gefühl, Bedürfnis, Bitte.

Wahrnehmung: „Ich habe die heutige Trainingseinheit gut geplant und durchdacht. Dennoch hatte ich den Eindruck, du warst nicht meiner Meinung.“

Gefühl: „Mir geht es nicht gut dabei, wenn ich sehe, dass Teilnehmer unzufrieden sind.“

Bedürfnis: „Ich möchte meine Kunden zufriedenstellen und sehen, wie sie mit ihren Hunden Fortschritte machen.“

Bitte: „Lass uns gemeinsam über deine Ansichten zu dem Training sprechen und schauen, ob wir auf einen Nenner kommen.“

Natürlich ist es nicht möglich, mit jedem Kunden so zu verfahren. Aber dieser Neunmalkluge, der alles besser weiß und zu allem seinen Senf dazugibt, ist eher selten. Wenn er merkt, dass er Aufmerksamkeit bekommt und sein oberschlaues Dahergerede rechtfertigen und begründen muss, ist er wahrscheinlich beim nächsten Mal schon ruhiger.

Der Optimist

Kunden mit einer positiven Grundeinstellung und guter Laune sind eine Bereicherung für jede Hundestunde. Denn gute Laune überträgt sich auf die anderen Teilnehmer und ist motivierend für diejenigen, die vielleicht gerade einen Durchhänger haben oder in einer Situation nicht vorankommen. Sie als Trainer sollten derjenige sein, der motiviert und eine positive Stimmung verbreitet, dennoch ist es für die Kunden häufig eine Wohltat, von „ihresgleichen“ aufgemuntert zu werden und Zuspruch zu bekommen, wenn etwas nicht klappt.

Lassen Sie den Optimisten eine Übung vormachen, die vielleicht bei einem anderen Teilnehmer gerade nicht so klappt, wobei er schildern soll, wie er es geschafft hat, seinem Hunde diese beizubringen. Es wird die anderen mitziehen und antreiben, am Ball zu bleiben – viel mehr, als wenn Sie als Trainer die Aufgabe vorführen.

Der Optimist versucht sich auch gerne mal an neuen Aufgaben, bei denen andere Kunden vielleicht etwas skeptisch sind und sich nicht recht trauen. Und wenn es nicht sofort klappt? Macht doch nichts, dann probiert er es eben noch einmal.

Pessimistische Kunden sollten in besonders kleinen Schritten angeleitet werden, um schnell einen ersten Erfolg zu sehen.

Der Pessimist

Er ist das Gegenteil des Optimisten. Neuem gegenüber ist er skeptisch und zurückhaltend. In vielen Dingen sieht er keinen Sinn und hinterfragt die Notwendigkeit. Auch wenn er zu Ihnen gekommen ist, um an einer Problematik seines Hundes zu arbeiten und Dinge zu ändern, werden Sie häufig den Satz hören: „Das habe ich aber noch nie so gemacht, sind Sie sicher, dass das funktioniert?“ Er sieht in allem erst mal das Negative, als Trainer sind Sie ständig in der Position, mit positiven Aspekten überzeugen zu müssen und zu motivieren. Das ist anstrengend. Arbeiten Sie sehr kleinschrittig mit dem Pessimisten, damit er möglichst schnell Erfolge sieht und am

Ball bleibt. Loben Sie nicht nur das Ergebnis, sondern auch schon den Weg dahin und die Mühe, die er sich gibt, damit er motiviert bleibt.

Ich lasse Pessimisten und demotivierte Kunden gerne ein Trainingstagebuch führen, indem sie notieren, wann sie mit ihrem Hund positive Erlebnisse hatten und wann Übungen gut geklappt haben und erste Fortschritte erzielt wurden. So können sie immer mal wieder darin blättern, wenn sie einen Rückschlag haben, und sehen ihre Erfolge schwarz auf weiß.

Es gibt noch viele weitere Charaktere und Gesprächstypen, dennoch sind die oben genannten die, die Sie im Hundeschulalltag am ehesten antreffen werden. Wundern Sie sich nicht, wenn Frau Neunmalklug in der nächsten Stunden auf einmal zur Optimistin mutiert ist und der Schweigsame plötzlich nonstop redet. Selten verhalten Menschen sich immer gleich. Deswegen sind im Hundeschulunterricht neben der fachlichen Kompetenz und einer geschulten Rhetorik vor allem Menschenkenntnis und Einfühlungsvermögen wichtig.

Der Erstkontakt

Der erste Kontakt zwischen Ihnen und dem potenziellen neuen Kunden ist in seiner Bedeutung nicht zu unterschätzen. Der erste Eindruck am Telefon oder in Person entscheidet meistens schon darüber, ob Sie mit dem Kunden auf einer Wellenlänge sind und eine gemeinsame Basis für die Zusammenarbeit geschaffen werden kann. Damit das erste Beschnüffeln positiv verläuft, ist nachfolgend der Erstkontakt ausführlich beschrieben und erläutert.

Der erste persönliche Kontakt ist ausschlaggebend für die weitere Zusammenarbeit.

Am Telefon

Das Telefon klingelt grundsätzlich, wenn es gerade unpassend ist. Entweder balanciert man gerade mit drei Einkaufstüten auf dem Arm und der Hundeleine in der Hand die Treppenstufen zur Haustür hoch oder ist im Park unterwegs, wo zwei impulskontrollgestörte Terrier ein paar Meter entfernt Enten verbellen. Auch wenn es sehr löblich ist, dass Sie für Ihre Kunden immer erreichbar sein wollen – bitte gehen Sie in diesen Situationen *nicht* ans Telefon. Suchen Sie sich eine ruhige Ecke und legen sich einen Zettel und Stift bereit, bevor Sie zurückrufen.

Am besten melden Sie sich am Telefon immer mit Ihrem Firmennamen sowie Ihrem Vor- und Nachnamen, damit der Kunde sofort weiß, mit wem er spricht: „Hundeschule Bello & Co, Tanja Trainer, guten Morgen." Lassen Sie den Anrufer in Ruhe den Grund für den Anruf schildern und unterbrechen Sie ihn nicht. Aktives Zuhören macht dabei einen interessierten Eindruck. Ein zustimmendes „Mmhm", „Ja" oder „Ich verstehe" an der passenden Stelle signalisiert dem Kunden, dass Sie zuhören. Fragen Sie bei Unklarheiten nach, und wenn Sie sich Notizen machen und dadurch beim Reden Pausen entstehen, sagen Sie dies dem Kunden. Er sieht es am Telefon nicht, könnte sich über die langen Pausen wundern und eventuell denken, dass Sie abgelenkt sind. Auch wenn die erste Beratung am Telefon in der Regel nicht bezahlt wird, lassen Sie dies den Kunden nicht spüren. Ein schnelles Abwimmeln und das Drängeln zu einem persönlichen Termin kann den Kunden schon vergraulen.

Hat der Hundehalter sein Anliegen vorgetragen und möchte einen Termin vereinbaren, fragen Sie noch folgende Daten ab: Name, Anschrift, Telefonnummer, und dazu vom Hund: Name, Rasse, Alter. Besonders das Abfragen der Rasse ist sehr zu empfehlen, denn wenn Sie die Rasse erst bei dem ersten persönlichen Treffen „erraten“ müssen, kann dies peinlich enden und nicht selten ist der Hundehalter eingeschnappt oder denkt, Sie hätten keine Ahnung, wenn Sie bei der Rasse danebenliegen. Aber Hand aufs Herz: Mittlerweile gibt es unzählige Rassen aus dem In- und Ausland, anerkannt oder nicht anerkannt, und einige ähneln sich äußerlich sehr, und wenn es dann noch ein Mischling ist ... viel Spaß beim lustigen Rasseraten. Ein weiterer Vorteil ist, dass Sie sich besser auf den Termin vorbereiten können, wenn es sich um eine Hunderasse handelt, über die Sie sich vorher genauer informieren wollen.

Bitten Sie den Hundehalter, am Tag des Treffens alles genau so wie immer zu machen, damit der Hund sich wie üblich verhält und nicht völlig erschöpft in der Ecke liegt, weil der Besitzer 10 km Rad gefahren ist, damit er schön lieb ist. Sie lachen? Das habe ich alles schon erlebt.

Wiederholen Sie das Datum und die Uhrzeit des Treffpunkts noch einmal, bevor Sie auflegen, und bedanken Sie sich für das Telefonat. Nennen Sie den Namen des Kunden auch beim Verabschieden, das schafft eine persönliche Atmosphäre: „Vielen Dank für Ihren Anruf, Frau von Bello. Wir sehen uns dann am Dienstag um 15 Uhr. Ich freue mich!“

Um das Gespräch perfekt zu machen, noch ein Tipp: Lächeln Sie beim Telefonieren. Lächeln? Der Kunde sieht mich doch nicht! Stimmt, aber wenn Sie lächeln, klingt Ihre Stimme automatisch sympathischer und Sie signalisieren dem Kunden eine positive Einstellung zu seinem Anliegen.

Checkliste Telefonat

- Nehmen Sie Telefonate nur an, wenn es zeitlich passt und die Umgebung es zulässt.
- Legen Sie einen Zettel und Stift bereit, um Notizen machen zu können.
- Melden Sie sich am Telefon mit Ihrem Firmennamen sowie ihrem Vor- und Nachnamen und einer Begrüßung.
- Notieren Sie die Gründe für den Anruf stichpunktartig, um sich auf den Termin vorbereiten zu können.
- Sprechen Sie den Kunden zu Beginn und zur Verabschiedung mit Namen an.
- Lächeln Sie beim Telefonieren.
- Nennen Sie Datum und Uhrzeit des Termins noch einmal vor der Verabschiedung.
- Bedanken Sie sich für das Telefonat und sagen zum Abschluss etwas Nettes: „Ich freue mich, Sie und Bello kennenzulernen.“

Ein Besucher auf dem Hundeplatz

Sie stehen mit einer Gruppe auf dem Platz, der Unterricht hat schon begonnen und plötzlich kommt ein fremder Mensch mit Hund an der Leine auf das Gelände und stellt sich an den Zaun. Sie wollen den neuen potenziellen Kunden nicht dumm dastehen lassen, aber auch die Gruppe nicht vernachlässigen. Die beste Möglichkeit ist, der Gruppe eine Aufgabe zu geben, damit Hund und Halter fünf Minuten beschäftigt sind. Legen Sie nämlich stattdessen eine Pause ein, fühlen sich die Teams schnell abgeschoben. Im ungünstigsten Fall werden die Hunde zum Spielen abgeleint und stürmen an den Zaun zu dem fremden Hund. Das Chaos wäre perfekt.

Eine neue Kundin wird mit ihrem Collie in die Gruppe integriert.

Während die Gruppe trainiert, gehen Sie kurz zu dem Besucher an den Zaun. Begrüßen Sie ihn, stellen Sie sich kurz vor und fragen, ob Sie weiterhelfen können. Wahrscheinlich ist der Besucher an einer Teilnahme des Trainings interessiert, vielleicht ist er aber auch nur zufällig vorbeigekommen und fand Ihren Unterricht interessant. Wie auch immer, Sie müssen nun eine gute Lösung für sich und die Gruppe auf dem Platz finden.

Wird es durch den Neuankömmling sehr unruhig auf dem Platz, da einige Hunde nicht mit der Situation umgehen können, bitten Sie den Zuschauer, sich weiter entfernt hinzustellen, sodass die anderen in Ruhe weitertrainieren können. Möchte er am Training teilnehmen, erklären Sie kurz, aber freundlich, dass ein Einstieg mitten in der Stunde leider nicht möglich ist, Sie sich aber gerne nach dem Unterricht Zeit nehmen, um mit ihm zu sprechen und einen passenden Kurs zu finden. So haben Sie für alle Beteiligten eine gute Lösung gefunden.

Einen neuen Kunden in die Gruppe integrieren

Im Idealfall haben Sie Hund und Halter schon im Einzeltermin kennengelernt und wollen beide heute in die Gruppenstunde integrieren. Der Kunde kennt Ihre Trainingsphilosophie und weiß, was ihn erwartet. Verabreden Sie sich mit dem Kunden eine Viertelstunde vor Beginn des Unterrichts. Hund und Halter können sich den Platz und die Umgebung in Ruhe ansehen und ankommen. Außerdem haben Sie noch Zeit, mit dem Kunden Organisatorisches zu besprechen. Gibt es Platzregeln bei Ihnen? Handy- und Rauchverbot während des Unterrichts? 50 Cent in die Kaffeekasse fürs Zuspätkommen oder für Hunde, die sich auf dem Platz lösen? Klären Sie den Kunden freundlich darüber auf, damit er sich nicht überrumpelt fühlt, wenn ein Missgeschick passiert und ein anderer Hundebesitzer vorwitzig „Das kostet aber“ quer über den Platz ruft.

Ein weiterer Vorteil des Früher-da-Seins ist, dass die anderen Hunde nach und nach ankommen und der neue Vierbeiner nicht auf mehrere fremde Hunde gleichzeitig trifft, wenn er als letzter ankommt.

Beginnen Sie den Unterricht, indem Sie den neuen Kunden der Gruppe kurz vorstellen, das macht das Ankommen leichter. Im Anschluss bietet es sich an, den Unterricht mit einer Gruppenübung zu beginnen, um das neue Mensch-Hund-Team bestmöglich zu integrieren und dem Hund die Möglichkeit zu geben, sich an die anderen Trainingspartner zu gewöhnen.

Gehen Sie auch nach dem Unterricht auf den neuen Kunden zu, um zu klären, ob noch Fragen offen sind. Loben Sie abschließend noch mal für die erste Stunde. Selbst wenn das Training völlig chaotisch abgelaufen ist, lassen Sie den Kunden nicht ohne Lob gehen, damit er mit einem guten Gefühl nach Hause fährt und gerne wiederkommt. Sie könnten zum Beispiel sagen: „Für das erste Mal hat Beppo sich schon sehr gut mit der ungewohnten Situation arrangiert. Er war noch etwas impulsiv, hat aber regelmäßig den Blickkontakt zu dir gesucht, das war großartig!“ So haben sie die kleinen Aussetzer von Beppo perfekt in zwei Lobe eingebaut. Das hört sich doch besser an als: „Puh, das war sehr chaotisch, aber das kriegen wir schon noch hin.“

Beim Kunden zu Hause

Stellen Sie sich vor, Sie haben ein Problem, mit dem Sie sich nicht auskennen, das Ihnen aber unangenehm ist. Es fällt Ihnen schwer, darüber zu reden, und vielleicht haben Sie deshalb auch schon Ärger mit den Nachbarn. Sie fühlen sich unter Druck gesetzt, können sich alleine nicht helfen. Vielleicht sind Sie sogar im Alltag eingeschränkt dadurch. Nun haben Sie sich dazu entschlossen, Hilfe zu holen. Kein leichter Schritt, müssen Sie doch eine eigene Niederlage oder Unwissenheit eingestehen. Um 15 Uhr haben Sie einen Termin mit einem Experten, der sich mit Ihrem Problem auskennt. Er kommt zu Ihnen nach Hause und will mit Ihnen darüber reden und nach Hilfsmöglichkeiten suchen. Wie würde es Ihnen da emotional gehen? Sie wären wahrscheinlich nervös, hätten Angst, sich zu blamieren und mit der Situation überfordert zu sein ... Genauso geht es vielen Kunden auch. Deshalb sollten Sie sich auf den ersten Termin besonders gut vorbereiten, um ein kompetenter Ansprechpartner zu sein.

Bevor Sie zu dem Kunden fahren, haben Sie in der Regel telefonisch schon erste Informationen erhalten. Sie wissen, um was für einen Hund es sich handelt, und kennen das Problem des Kunden. Zu Hause haben Sie nun Zeit, sich über die Rasse zu informieren und mit der vorhandenen Problematik auseinanderzusetzen. Ebenfalls können Sie – wenn erforderlich – Fachliteratur zusammenstellen die Sie dem Kunden empfehlen möchten, oder Informationen ausdrucken, die Sie dem Kunden aushändigen können. Eine gute Vorbereitung ist das A und O im Training, denn unvorbereitet geraten Sie schnell in Schieflage und werden unsicher. Der erste Eindruck zählt, und wenn der Kunde das Gefühl hat, nicht gut beraten zu sein, wird er sich sicherlich einen anderen Trainer suchen.

Zur Vorbereitung gehört auch die richtige Kleidung. Menschen werden über ihren Kleidungsstil mit dem Beruf definiert. Würden Sie sich in Ihrer Bank eher von einem Mann im Anzug beraten lassen oder auch zu einem Schalter gehen, hinter dem ein Angestellter mit Jogginganzug und Basecap steht? In Hundeberufen haben wir es relativ einfach. Eine ordentliche Freizeitkleidung ist angemessen. Jeans oder Outdoorhose, Shirt und Sneakers oder Trekkingschuhe. Das Firmenlogo auf Shirt und Jacke macht es noch etwas professioneller. Dass die Kleidung sauber ist, muss nicht extra erwähnt werden.

Um alle Utensilien für den Einzeltermin verstauen zu können, ist eine etwas größere Trainingstasche zu empfehlen. Als vorteilhaft erweisen sich hierfür Taschen aus Lkw-Plane. Sie sind robust, haben mehrere Fächer, sind wasserfest und somit abwaschbar. Letzteres hat sich schon als sehr vorteilhaft bewiesen, nachdem meine Tasche einmal markiert und ein anderes Mal von einem sabbernden Neufundländer ausgiebig untersucht wurde. In den unterschiedlichen Fächern lassen sich Schreibblock, Stift, Utensilien fürs Training, Literaturvorschläge und Ihre persönlichen Dinge wie Handy usw. gut verstauen. Eine ausführliche Checkliste, was Sie alles dabeihaben sollten, finden Sie weiter unten.

„Fünf Minuten vor der Zeit ist des Deutschen Pünktlichkeit.“ Fünf Minuten vorher müssen Sie nicht klingeln, aber pünktlich sollten Sie sein. Über diverse Routenpläne im Internet lässt sich die Strecke zu jeder Tageszeit fast minutiös planen. Ihr Kunde ist vor dem ersten Termin nervös oder zumindest etwas aufgeregt. Der Hund wird eventuell schon zum zehnten Mal ins Körbchen geschickt, damit er nicht an die Tür rennt und bellt, wenn Sie kommen. Lassen Sie das Mensch-Hund-Team nun zu lange warten – abgesehen davon, dass dies sehr unhöflich ist –, sind beide schon in einer Stresssituation, bevor Sie überhaupt da sind. Sollten Sie durch unvorhersehbare Umstände dennoch zu spät kommen, rufen Sie den Kunden an und teilen mit, wann Sie etwa eintreffen werden.

Schon die ersten Minuten des Treffens entscheiden über die Sympathie. Damit Sie gleich zu Beginn eine positive Atmosphäre schaffen, begrüßen Sie den Kunden mit Handschlag, Blickkontakt und einem Lächeln. Das wirkt nicht nur höflich, sondern signalisiert dem Kunden auch eine offene Haltung. Nennen Sie auch Ihren Namen noch mal zur Begrüßung.

Nun beginnt ein kleiner, aber enorm wichtiger Teil des Gespräches – der Small Talk. Studien haben bewiesen, dass Small Talk ein positives Gefühl vermittelt und verbindet. Zudem ist es eine gute Möglichkeit, sich etwas kennenzulernen und eine angenehme Gesprächsatmosphäre herzustellen, bevor man sich den Problemen des Hundes widmet. Small Talk sollte immer belanglos sein und keine tiefgründigen Themen aufgreifen. Die momentane Situation bietet in der Regel genug Stoff für ein paar auflockernde Sätze: „Schön, Sie kennenzulernen.“ „Vielen Dank für die gute Wegbeschreibung, das war so sehr einfach zu finden.“ „Ein tolle Wohnlage haben Sie hier, da können Sie bestimmt schöne Spaziergänge im Wald machen.“ „Darf ich fragen, welcher Fotograf die tollen Bilder von Ihren Hunden gemacht hat, die sind wirklich sehr schön.“ Sie werden merken, wie schnell sich ein zwangloses positives Gespräch entwickelt, in dem Sie und Ihr Gegenüber sich wohlfühlen und kennenlernen können. Die wichtigsten Small-Talk-Regeln finden Sie auf Seite 24.

Das Verhalten eines Hundes sollte nicht nur situationsabhängig, sondern immer ganzheitlich betrachtet werden.

Bevor Sie auf die Probleme des Hundes eingehen, lassen Sie den Kunden erzählen, wie er zu dem Hund gekommen ist und warum er sich genau für diesen Hund entschieden hat. Dies ist für den Hundehalter ein positiver Einstieg, da die Auswahl und Anschaffung des Hundes in der Regel ein schönes Erlebnis war. Der Kunde ist im „Wohlfühlland“ und berichtet in angenehmer Stimmung von dem Beginn der Mensch-Hund-Beziehung. Ich finde diesen Anfang sehr wichtig, da es ein positiver Einstieg ist. Beginnt der Kunde direkt mit den Problemschilderungen, ist die Stimmung schnell gedrückt und der Kunde wird die Trainingsansätze schwieriger empfinden, als wenn er sich seinen Hund vorher noch mal positiv vor Augen geführt hat.

Im Anschluss an die Kennenlerngeschichte des Mensch-Hund-Teams beginnen Sie mit der Anamnese (siehe weiter unten). Der Anamnese-Bogen ist sehr komplex. Sie müssen nicht jede einzelne Frage durchgehen, das würde den Rahmen sprengen. Suchen Sie sich die für Sie zu dem jeweiligen Termin passenden Fragen heraus. Bedenken Sie aber, dass durch das Abfragen von scheinbar nicht im Zusammenhang stehenden Bereichen schon häufig die Ursache des Problems gefunden wurde. Daher ist es mir wichtig, die Situation und den Hund immer ganzheitlich zu betrachten.

Häufig lassen sich Gründe für Probleme in Bereichen finden, die der Besitzer gar nicht damit in Verbindung bringt. So hatte ich zum Beispiel mal einen Kunden, dessen Hund auf dem Spaziergang und im Training sehr unruhig war und sich nicht auf den Besitzer konzentrieren konnte. Er biss immerzu in die Leine, zog den Halter von A nach B und reagierte aggressiv auf andere Hunde. Ich wurde gerufen, um an der Leinenführigkeit zu arbeiten. Im Anamnese-Gespräch stellte sich heraus, dass der Kunde ein unpassendes Futter fütterte, das aus dem Hund ein Powerpaket machte. Außerdem hatte der Hund nie gelernt, sich zu entspannen. Neben Agility, geworfene Bällchen holen und Joggen mit dem Besitzer wurde er im Haus auch noch rund um die Uhr von den Kindern „bespielt". Nachdem das Futter umgestellt war, die Kinder gelernt hatten, dem Hund seine Ruhezeiten zu gönnen, und das Ballholen durch eine sinnvolle Beschäftigung ersetzt war, wurde das Verhalten schon deutlich besser. Natürlich haben wir auch an der Leinenführigkeit gearbeitet, aber ohne die anderen Faktoren, die zum Problem beitrugen, zu kennen, hätten wir keinen Erfolg gehabt.

Im ersten Gespräch werden Sie auch sehr schnell herausfinden, ob es sich bei dem Verhaltensproblem, das der Kunde schildert, wirklich um ein Problem handelt oder ob es vielleicht einfach nur ein hunde- oder rassetypisches Verhalten ist. Pluto wälzt sich mit Begeisterung in Fuchskot und sieht danach entsprechend aus, ganz zu schweigen vom Geruch. Na toll, denken Sie, und wo ist jetzt das Problem?

Ich wurde einmal zu einem Kunden gerufen, dessen Hund sich genau so verhielt. Er hatte auch bereits einen anderen Trainer kontaktiert, um dieses Problem zu lösen. Leider hat dieser ihn nicht ernst genommen, sondern nur auf hundetypisches Verhalten verwiesen und ihn laut Aussage des Kunden auch noch belächelt, da man so etwas doch wissen müsse. Natürlich hatte der andere Trainer recht, es handelt sich nicht um ein Problemverhalten. Für den Hundehalter ist es aber sehr wohl eins und sollte daher nicht belächelt, sondern ernst genommen werden. Wir können und wollen dem Hund das Wälzen in Fuchskot nicht abtrainieren, aber wir können eine Lösung finden, die das Verhalten für den Kunden erträglicher macht.

Ich habe in diesem Fall einen Jackpot-Rückruf aufgebaut. Sobald der Kunde nun sieht, dass sein Hund intensiv an einer Stelle schnüffelt und sich vielleicht – wir kennen es alle – gerade über die Schulter abrollen will, um sich genüsslich in was auch immer zu wälzen, wendet er den Jackpot-Rückruf an. Sein Hund kommt angeflogen und holt sich seine Belohnung ab. Außerdem haben wir vereinbart, dass der Hund sich ab und zu auch mal wälzen darf, um auf seine Kosten zu kommen und Hund sein zu dürfen.

Was ich damit sagen will, ist: Auch wenn Sie wegen des Problems des Kunden innerlich die Augen verdrehen, lassen Sie ihn dies nicht spüren. Nehmen Sie *jedes* Problem ernst, auch wenn es für Sie keins ist. Erfolgreiche Kommunikation bedeutet auch wertschätzen und Lösungen finden, die allen gerecht werden.

Wenn die Möglichkeit besteht und dadurch niemand gefährdet wird, lassen Sie den Hundehalter das Problem, wegen dem Sie gerufen wurden, vorführen. Wahrnehmung ist subjektiv. Vielleicht haben Sie von der Leinenaggression des Hundes einen ganz anderen Eindruck als der Kunde.

Nachdem Sie nun gesehen haben, wo die Problematik liegt, können Sie mit dem Training beginnen. Wahrscheinlich haben Sie schon einen Plan im Kopf, wie Sie vorgehen möchten und was nun der Reihe nach alles zu tun ist. Bevor Sie loslegen, sollten Sie sich jedoch vergewissern, ob der Kunde dies genauso sieht. Diktieren Sie ihm daher nicht Ihre Vorstellungen, sondern fragen Sie ihn nach seinen Zielen im Training. Bello springt jeden Besucher an, der Rückruf ist von der Tagesform abhängig und das Befolgen des

Sitz- und Platz-Kommandos ist auch Glückssache. Für Sie ist das Vorgehen klar – fragen Sie aber den Besitzer, was er will, bekommen Sie vielleicht als Antwort, dass die Besucher das Anspringen schon gewohnt sind und es bei dem kleinen Dackel ja auch nicht stört. Wenn er Sitz lernen würde, wäre dies schön, Platz benötigt der Besitzer im Alltag nicht. Das Wichtigste ist für ihn der Rückruf, damit der Dackel beim Spaziergang frei laufen kann. Hätten Sie den Fokus des Trainings ohne Rücksprache nun anders gelegt, wäre der Kunde eventuell sehr unzufrieden, obwohl Sie es ja nur gut gemeint haben.

Checkliste Kundenbesuch

- Stellen Sie alle Unterlagen zusammen, die Sie für den Termin brauchen (siehe Checkliste Trainingstasche unten).
- Bereiten Sie sich auf das Problem des Kunden so gut wie möglich vor.
- Sind Sie pünktlich. Sollten Sie sich verspäten, teilen Sie die voraussichtliche Ankunft telefonisch mit.
- Informieren Sie sich vorher über die Anfahrt, die Anfahrtsdauer und über Parkmöglichkeiten.
- Kleiden Sie sich Ihrem Berufsbild entsprechend. Bei Berufen mit Hund am besten mit Jeans, Sneakers, T-Shirt/Pullover, Jacke.
- Begrüßen Sie den Hundehalter mit Handschlag und Blickkontakt und einem Lächeln.
- Nennen Sie bei der Begrüßung nochmals Ihren Namen.
- Lockern Sie die Atmosphäre mit einem kleinen Small Talk auf.
- Machen Sie Komplimente.
- Lassen Sie den Kunden erzählen, wie er zu dem Hund gekommen ist und was er besonders an ihm mag (ins Wohlfühlland abholen).
- Besprechen Sie gemeinsam mit dem Kunden die relevanten Anamnese-Fragen.
- Besprechen Sie die Problematik, die der Halter mit dem Hund hat, detailliert und ausführlich.
- Wenn möglich, lassen Sie den Kunden das Problem vorführen.
- Erarbeiten Sie gemeinsam mit dem Kunden Lösungswege.
- Besprechen Sie das Training für die nächsten Tage.
- Bieten Sie dem Kunden an, Sie bei Fragen anrufen zu können.
- Vereinbaren Sie einen Folgetermin.
- Verabschieden Sie sich mit einem positiven Abschluss.
- Schicken Sie dem Kunden den Trainingsplan.
- Stehen Sie für eventuelle Nachfragen auch telefonisch zur Verfügung.

Checkliste Trainingstasche

- Notizblock und Kugelschreiber
- Kalender
- Hundeschulflyer und anderes Werbematerial
- Kundenbezogene Fachliteratur/Handouts
- Handy
- Tempotaschentücher/Feuchttücher
- Handdesinfektionsspray
- Trainingsutensilien (fallbezogen)

Das Trainingsziel ist nun besprochen und die ersten kleinen Übungen haben Sie schon mit dem Kunden begonnen. Sie können nun das Training für die nächsten Tage/Wochen besprechen. Klären Sie im Vorfeld, wie lange der Hundehalter täglich dafür Zeit hat, um ihn nicht zu über- oder unterfordern. Eine Mutter, die noch Kinder versorgt und den Haushalt organisiert, wird nicht so viel Zeit aufbringen wie ein alleinstehender Rentner, bei dem der Hund der Lebensmittelpunkt ist.

Bevor Sie sich nun verabschieden, vereinbaren Sie mit dem Hundehalter am besten schon einen Folgetermin, dann fühlt sich der Kunde nicht so alleine gelassen und weiß, dass er eventuell aufkommende Schwierigkeiten und Fragen in den nächsten Tagen mit Ihnen besprechen kann. Außerdem ist der Hundehalter stolz, wenn er bald erste Erfolge des Trainings präsentieren kann. Auch wenn der nächste Termin schon abgesprochen ist, biete ich meinen Kunden an, mich jederzeit anrufen zu können, wenn dringende Fragen zu klären sind. Da die meisten Kunden sich das Besprochene der ersten Stunden plus Trainingsplan nicht merken können, fasse ich alles schriftlich zusammen und schicke es dem Kunden. Das hat auch für Sie den Vorteil, dass Sie immer genau wissen, was besprochen worden ist und welche Ziele vereinbart wurden.

Genau wie im Training mit dem Hund beenden Sie auch das Gespräch mit dem Kunden immer positiv, bevor Sie gehen. Sie könnten zum Beispiel eine Situation aus dem Training lobend hervorheben und ihn bestärken, dass er das Training in den nächsten Tagen gut meistern wird. Auch hier gilt wie immer: Das Lob muss ehrlich und ernst gemeint sein.

Im Anamnese-Gespräch wird die Vorgeschichte des Hundes in Bezug auf die aktuellen Probleme erfragt und besprochen.

Die Anamnese

Der Begriff Anamnese ist griechischen Ursprungs und bedeutet „Erinnerung". Im Anamnese-Gespräch wird die Vorgeschichte des Hundes in Bezug auf die aktuellen Probleme erfragt und besprochen. Dieses intensive Gespräch bietet dem Trainer und Hundehalter Gelegenheit, sich kennenzulernen und ein Vertrauensverhältnis aufzubauen. Die Anamnese erfordert vom Hundetrainer eine hohe Konzentration, viel Einfühlungsvermögen und Verständnis.

Die Anamnese-Fragen

Der folgende Anamnese-Fragebogen enthält die obligatorischen Fragen zur Datenerfassung, darüber hinaus aber auch detaillierte Fragen zu den wichtigsten Themen: Zusammenleben in der Familie, Verhalten, Training, Krankheit, Futter. Die Fragen sind sehr komplex und für ein erstes Gespräch zu umfangreich. Dennoch ist es mir wichtig, die Fragen hier aufzuführen, um Ihnen einen Einblick zu geben, welche Fragen für eine kompetente Beratung relevant sein können und wie Sie die Fragen aufeinander aufbauen können, um von dem Hundehalter die nötigen Informationen zu bekommen. Suchen Sie sich bitte je nach Problemlage des Hundes die für das Training wichtigsten Fragen heraus. Viele Fragen beantworten sich auch im Gespräch schon von alleine, ohne dass Sie sie stellen müssen.

Ich händige den Anamnese-Bogen nicht an den Hundehalter aus, sondern fülle ihn selbst im ersten Termin während des Gespräches mit dem Hundehalter aus. Das hat den Vorteil, dass ich bei Unklarheiten gezielt nachfragen kann und die Antworten bekomme, die für mich für das weitere Vorgehen und das Training entscheidend und wichtig sind.

Fragebogen Erstgespräch

Besitzerdaten

Name:

Anschrift:

Telefonnummer:

E-Mail-Adresse:

Haben Sie Hundeerfahrung? Wie lange?

Haben früher schon Hunde in der Familie gelebt?

Hundedaten

Name:

Alter:

Rasse:

Größe:

Gewicht:

Geschlecht:

Ist der Hund kastriert?

Wenn ja, in welchem Alter?

Grund für die Kastration?

- Herkunft des Hundes
- Wie ist der Hund in den ersten Lebenswochen aufgewachsen?
- Vorgeschichte des Hundes
- Alter bei Anschaffung
- Wie verliefen die ersten Wochen nach der Anschaffung?
- Wozu wurde der Hund angeschafft?
- Gibt es weitere Bezugspersonen für den Hund?
- Wenn ja, welche sind das?
- Welche Stellung hat der Hund in der Familie?
- Darf der Hund aufs Sofa und/oder ins Bett?
- Leben weitere Hunde im Haushalt?
- Leben noch andere Tiere im Haushalt?

- Wie oft und wie lange hat der Hund täglich Beschäftigung?
- Wie wird der Hund beschäftigt?
- Wie viel Zuwendung bekommt der Hund am Tag neben der Beschäftigung?
- Welche Art von Zuwendung ist das?
- Nimmt der Hund am Familienleben teil?
- Gibt es Regeln, an die sich der Hund im Haus und draußen halten muss?
- Ist er auf Ausflügen dabei?
- Fährt der Hund mit in den Urlaub?
- Bleibt der Hund alleine zu Hause?
- Wenn ja, wie lange und in welchen Situationen?

- Welches Futter bekommt der Hund?
- Wie oft wird der Hund täglich gefüttert?
- Gibt es ein Futterritual?
  Wenn ja, welches ist das und aus welchem Grund?
- Hat der Hund Futterunverträglichkeiten?
- Wie wirken sich diese aus?
- Wird der Hund mit Leckerchen belohnt?
- Mit was für Leckerchen?
- In welchen Situationen?
- Bekommt der Hund Futter vom Tisch oder zwischendurch mal etwas zugesteckt?

- Wie verhält sich der Hund im Haus?
- Wie verhält sich der Hund draußen?
- Wie verhält er sich in unbekannten Umgebungen?
- Wie verhält er sich gegenüber anderen Hunden?
- Wie ist das Ressourcenverhalten?
- Zeigt er in bestimmten Situationen Ängste/Unsicherheiten?
- Zeigt er in bestimmten Situationen Drohverhalten/Aggressionen?

- Bei welchem Tierarzt ist der Hund?
- Wird der Hund geimpft?
- Wird der Hund entwurmt?
- Bekommt der Hund eine Parasitenprävention?
- Hatte der Hund schon Krankheiten?
- Wenn ja, welche?
- Bestehen Krankheiten, die den Hund zurzeit noch beeinträchtigen?
- Wie wirkt sich das aus?
- Ist Ihnen dadurch eine Wesensveränderung aufgefallen?

- Wurde bereits eine Hundeschule besucht?
- Was waren die Gründe dafür?
- Welche Kurse wurden belegt?
- War der Hundeschulbesuch erfolgreich/zufriedenstellend?

- Was ist das Hauptproblem mit dem Hund?
- Seit wann besteht das Problem?
- Wie häufig tritt das Problem auf?
- In welchen Situationen tritt das Problem auf?
- Wie zeigt sich das?
- Hat es sich verstärkt?
- Wie wirkt sich das auf Ihr Verhalten aus?
- Haben Sie schon etwas dagegen unternommen?
  Wenn ja, was?
- Hat es sich dadurch verbessert oder verschlimmert?
- Wie soll sich das Verhalten verändern, damit es für Sie akzeptabel ist?
- Beschreiben Sie bitte, wie Ihr ideales Trainingsziel aussieht
- Wie viel Zeit haben Sie für das tägliche Training zu Verfügung?

Fallbeispiel: Grundkommandos

Die Besitzer von Emma haben mich angerufen, weil sie einen Hundetrainer suchen, der mit ihnen zu Hause trainiert. Da beide in Schicht arbeiten, haben sie keine Zeit, eine Hundeschule zu festen Zeiten zu besuchen. Emma ist eine zwei Jahre alte Welsh-Terrier-Hündin. Am Telefon erzählten die Besitzer bereits, dass sie Emma von Freunden übernommen haben, die beruflich ins Ausland gegangen sind und Emma nicht mitnehmen konnten. Die Vorbesitzer haben mit ihr nicht viel trainiert, sie hat auf einem großen Grundstück gelebt und konnte sich dort frei bewegen. Die neuen Besitzer sagten am Telefon, dass sie gerne etwas mehr mit ihr machen möchten, sie soll ein paar Grundkommandos erlernen. Genauer definieren sie dies noch nicht. Wir vereinbaren einen Termin zu einem Erstgespräch bei den Besitzern zu Hause.

Emma soll die Grundkommandos erlernen und zuverlässig ausführen. Vor Beginn des Trainings findet das Anamnese-Gespräch statt.

Fragebogen Erstgespräch

Besitzerdaten
Name: Familie Berger
Anschrift: xx
Telefonnummer: xx
Mailadresse: xx

Hundedaten
Name: Emma
Alter: 2 Jahre
Rasse: Welsh Terrier
Geschlecht: weiblich

(Diese Daten waren vorher schon bekannt.)

Trainer: „Haben Sie bereits Hundeerfahrung?“
Herr Berger: „Ja, wir hatten bereits einen Dackel, der vor einem Jahr im Alter von 14 Jahren eingeschläfert werden musste. Meine Frau hatte in der Kindheit immer Hunde zu Hause. Die Eltern haben Cocker Spaniel gezüchtet.“

Trainer: „Ist Emma kastriert?"
Herr Berger: „Ja, mit 14 Monaten."

Trainer: „Wissen Sie, warum Emma kastriert wurde?"
Frau Berger: „Ja, da Emma auf einem Bauernhof gelebt hat, an den ein beliebter Wanderweg grenzt, und sie immer frei lief, hatten die Vorbesitzer Angst, dass sie von einem anderen freilaufenden Hund gedeckt wird, wenn sie läufig ist. Die Spaziergänger dort passen nicht immer so auf ihre Hunde auf."

Trainer: „Können Sie etwas zur Vorgeschichte von Emma sagen?"
Frau Berger: „Emma kam mit acht Wochen zu unseren Freunden. Sie kommt von einem Züchter aus dem Nachbarort. Wir haben sie dann vor vier Monaten übernommen."

Trainer: „Wie hat sie sich bei Ihnen eingelebt?"
Frau Berger: „Oh, sehr schnell. Sie kannte uns ja schon und war auch schon mal mehrere Tage bei uns, wenn unsere Freunde sie irgendwohin nicht mitnehmen konnten."

Trainer: „Welche Stellung hat der Hund bei Ihnen in der Familie?"
Frau Berger: „Sie ist Familienmitglied. Sie darf auch aufs Sofa und schläft bei mir vor dem Bett."
Herr Berger: „Ist das schlimm, dass sie auf dem Sofa liegt?"

Trainer: „Nein, wenn Sie das nicht stört, ist es in Ordnung. Es ist ein Märchen, dass Hunde damit Dominanz ausdrücken wollen. Sie liegen da einfach, weil es bequem ist. Meine dürfen das auch."
Frau Berger: „Gut zu wissen, meine Mutter sagt nämlich immer, Emma will dadurch in der Rangordnung aufsteigen."

Trainer: „Nein, das stimmt so nicht, da können Sie Ihre Mutter beruhigen. Wie oft und wie lange hat Emma denn täglich Beschäftigung?"
Herr Berger: „Da wir in Schichten arbeiten, geht morgens meine Frau mit ihr ca. 30 Minuten spazieren. So gegen 8 Uhr. Wenn ich um halb drei nach Hause komme, gehe ich eine große Runde im Wald, ca. 90 Minuten. Manchmal auch joggen. Dann gehen wir abends oft gemeinsam noch mal eine kleine Runde, häufig auch zu unserem Lieblingsitaliener, da darf Emma immer mit."

Trainer: „Machen Sie sonst noch etwas mit Emma? Irgendwelche Spiele, Hundesport oder Sonstiges?“
Herr Berger: „Ja, sie liebt es, wenn ich ihr Stofftier verstecke und sie es suchen darf. Hundesport geht wegen unserer Arbeit nicht. Wir arbeiten beide im Krankenhaus und sind häufig auf Abruf, da können wir meistens keine festen Termine einhalten.“

Trainer: „Ja, ich verstehe. Wie regeln Sie das mit Emma, wenn Sie auf Abruf sind und plötzlich wegmüssen?“
Frau Berger: „Meine Eltern wohnen mit im Haus. Emma kann zwischen den Wohnungen hin und her laufen, wenn wir nicht da sind, und auch immer in den Garten, wenn sie will.“

Trainer: „Oh, toll. Das hört sich ja perfekt an. Erzählen Sie mir bitte mal, was Sie an Emma jetzt schon besonders mögen und worauf Sie jetzt schon stolz sind.“
Herr Berger: „Sie hat die neue Situation super angenommen, ist verträglich mit anderen Hunden und auch Kinder mag sie gerne.“
Frau Berger: „Sie ist einfach so unkompliziert. Wenn wir mit ihr in ein Restaurant gehen, legt sie sich unter den Tisch und schläft.“

Trainer: „Schön, dass Sie so glücklich sind mit ihr. Ich weiß gar nicht, warum ich hier bin (lacht). Beschreiben Sie mir bitte einmal, was Sie von Emma erwarten? Was möchten Sie gerne mit ihr machen und was soll sie können, um für Sie der ideale Hund zu sein?“
Herr Berger: „Emma ist, wie meine Frau schon gesagt hat, ein absolutes Familienmitglied. Sie darf fast überall dabei sein, fährt natürlich auch mit in den Urlaub. Eigentlich ist sie für uns schon fast perfekt. Ein kleines Manko ist, dass sie nie richtig Kommandos gelernt hat. Sie brauchte das früher nicht, da sie fast nur auf dem Hof war und da so ihr Ding machen konnte.“

Trainer: „O. k., welche Kommandos sind für Sie wichtig?“
Herr Berger: „ Es wäre schön, wenn sie Sitz und Platz macht und auch mal auf einer Stelle liegen bleibt, wenn man es ihr sagt. Im Restaurant macht sie das automatisch, aber in anderen Situationen, wenn man ihr es sagt, nicht. Der Rückruf müsste auch noch besser werden. Wir waren vor ein paar Wochen in den Niederlanden auf Texel mit ihr. Wir haben einen Strandspaziergang gemacht und da hat sie zum ersten Mal Möwen gesehen und diese gejagt. Da hat sie auf unser Rufen nicht mehr reagiert, kam aber von alleine nach kurzer Zeit zurück.
Das möchten wir gerne verbessern.“

Trainer: „Dazu habe ich noch eine Frage. Sie sagen, dass Sie bei Ihren Freunden auf dem Bauernhof gelebt hat. Jetzt ist sie bei Ihnen häufig mit unterwegs, im Restaurant und auch mit im Urlaub. Wie klappt das? Sie kennt es ja nicht, oder? Wie geht sie mit den vielen neuen Umweltreizen um?“
Herr Berger: „Oh, ach so. Das kam vielleicht falsch rüber. Emma war zwar den ganzen Tag frei auf dem Hof, aber die Vorbesitzer haben sie auch mal mit auf einen Spaziergang ins Dorf genommen und im Urlaub war sie auch mit. Nur auf die Erziehung wurde wenig Wert gelegt. Sie war dann meistens an der Leine. Bei uns soll sie auch frei laufen dürfen, daher ist es uns wichtig, dass sie gut hört. Geht das jetzt noch oder ist das schon zu spät in dem Alter?“

Trainer: „Ah, o. k. Ich dachte, sie wäre ausschließlich auf dem Hof gewesen. Wenn Hunde mit wenig Umweltreizen aufwachsen und dann später in ungewohnte Situationen kommen, die sie überfordern, reagieren viele Hunde mit Unsicherheit und Angst. Aber wenn sie das kennt, ist es ja super. Die Kommandos kann Emma auf jeden Fall erlernen, auch den Rückruf. Natürlich hängt es davon ab, wie Sie mit ihr trainieren, aber da sehe ich keine Schwierigkeiten, so engagiert wie Sie sind.“
Herr Berger: „Das ist super. Legen wir los?“

Trainer: „Gerne, ich hätte nur noch eine letzte Frage. Gibt es irgendwelche Dinge, auf die wir achten müssen? War sie schon mal krank, hat sie Unverträglichkeiten gegen irgendetwas oder gibt es andere Besonderheiten, auf die wir Rücksicht nehmen müssen?“
Herr Berger: „Nein, da ist uns nichts bekannt.“

Trainer: „Gut dann starten wir.“

In diesem Fall, war es ein sehr kurzes Anamnese-Gespräch. Die Besitzer haben keine Probleme mit dem Hund, es sollen lediglich ein paar Grundkommandos erlernt werden. Das Ehepaar ist sehr engagiert und hatte schon Erfahrung mit einem Hund. Meine Bedenken zu Anfang waren, dass Emma durch das Aufwachsen auf einem Bauernhof in der Welpen- und Junghundzeit wenig Umweltreize kennenlernen konnte und eventuell mit der neuen Situation in der Familie überfordert ist. Glücklicherweise hat sich herausgestellt, dass auch die Vorbesitzer sie an die wichtigsten Umweltreize gewöhnt haben und Emma daher keine Schwierigkeiten mit der neuen Lebenssituation hat.

Weiterhin erwähnten die Besitzer, Emma habe am Strand Möwen gejagt. Normalerweise hake ich da noch mal nach. In diesem Fall bin ich nicht weiter darauf eingegangen, da im Vorfeld nicht von einem unerwünschten Jagdverhalten berichtet wurde. Das Ehepaar ist regelmäßig mit der nicht angeleinten Emma auf Spaziergängen in Feld und Wald unterwegs, ohne dass sie Jagdambitionen zeigt. Viele Hunde haben am breiten Strand einfach Lust zu rennen, eine Jagdmotivation muss nicht zwangsläufig dahinterstecken. Die Möwen waren für sie eine neue unbekannte Situation und werden wahrscheinlich beim nächsten Urlaub nach dem Rückruftraining kein Problem mehr darstellen.

Fallbeispiel: Angst vor Geräuschen

Frau Unger hat einen Border Collie, der seit einigen Monaten sehr geräuschempfindlich ist. Sie schrieb mir folgende E-Mail:

Hallo Frau Hansch,
von einer Bekannten, die bei Ihnen Kundin ist, habe ich erfahren, dass Sie sich auch mit Angsthunden auskennen. Meine sechsjährige Border-Collie-Hündin Dana hat starke Angst vor Geräuschen. Egal ob Feuerwerk, Schüsse oder das laute Zuschlagen einer Tür. Sie will sich sofort verkriechen und zittert. Was kann ich tun, damit sie keine Angst mehr hat? Ich würde mich freuen, wenn Sie mich anrufen, um einen Termin zu vereinbaren.
Mit freundlichen Grüßen
Susanne Unger

Im Telefonat erzählte mir Frau Unger dann noch, dass die Hündin einen Tag zuvor auf dem Spaziergang nach einem Knall in Panik nach Hause lief. Wir vereinbarten einen Termin für den nächsten Tag, da ihr Leidensdruck sehr groß war. Ich versuche immer, Termine in Notfällen so rasch wie möglich zu vergeben, irgendwo findet sich immer noch eine Lücke oder ich hänge abends eine Stunde dran. In diesem Fallbeispiel führe ich die Einstiegsfragen nicht mit auf. Hier soll verdeutlicht werden, wie die Fragen bei einem Verhaltensproblem aufgebaut werden und in die Tiefe gefragt wird, um alle nötigen Informationen zu bekommen, die für ein nachfolgendes Training wichtig sind.

Angst und Unsicherheit kann viele Auslöser haben. Hier ist es wichtig, die Entstehung des Verhaltens genau zu erfragen.

Fragebogen Erstgespräch

(Alle obligatorischen Fragen zum Besitzer und Hund wurden bereits gestellt.)

Trainer: „Sie sagen, Ihre Hündin ist ängstlich bei Geräuschen. Bei welchen Geräuschen genau ist das der Fall?"
Frau Unger: „Eigentlich bei fast allen lauten Geräuschen."

Trainer: „Beschreiben Sie bitte einmal, bei welchen Geräuschen genau?"
Frau Unger: „Bei Feuerwerk, bei Schüssen, wenn Autotüren laut zuschlagen."

Trainer: „Bei welchen Geräuschen noch?"
Frau Unger: „Hm, auch wenn der Zug vor dem Bahnübergang tutet und manchmal, wenn Kinder beim Spielen plötzlich laut schreien."

Trainer: „Ist Dana immer schreckhaft bei den Geräuschen oder nur manchmal?"
Frau Unger: „Eigentlich immer."

Trainer: „Was bedeutet eigentlich immer?"
Frau Unger: „Naja, zu 80 Prozent immer. Aber manchmal, wenn es weiter in der Ferne ist, nicht so sehr."

Trainer: „Ich verstehe Sie also richtig, dass Dana eher auf laute Geräusche reagiert, und wenn sie in der Ferne sind, nicht mehr so sehr?"
Frau Unger: „Ja, das ist richtig."

Trainer: „Reagiert sie nur draußen auf die Geräusche oder auch im Haus?"
Frau Unger: „ Auch im Haus, dann rennt sie sofort in ihre Höhle und kommt nicht mehr raus."

Trainer: „In ihre Höhle?"
Frau Unger: „Ja, ich habe ihr eine Hundebox aus Stoff gekauft, mit Kuscheldecken drin. Die liebt sie, weil sie ein Dach über dem Kopf hat und sich anscheinend geborgen fühlt."

Trainer: „Ah, sehr gut, dann haben Sie sich ja schon Gedanken gemacht, was Sie tun können, damit es ihr besser geht. Reagiert Dana denn nur auf Geräusche, die von draußen kommen, oder auch wenn im Haus selbst etwas laut ist?"
Frau Unger: „Im Haus auch. Wenn mir mal etwas runterfällt, erschrickt sie auch sehr."

Trainer: „Schätzen Sie ihre Angst dann genauso stark ein wie bei lauten Geräusche von draußen?“
Frau Unger: „Das ist schwer zu sagen. Sie erschrickt erst mal genauso, aber ich glaube, sie beruhigt sich schneller wieder.“

Trainer: „Woran machen Sie das fest?“
Frau Unger: „Dana kommt dann schneller wieder hervor und zittert nicht so lange. Ich kann sie sogar aus ihrer Höhle locken – das geht nicht, wenn es draußen zum Beispiel laut knallt.“

Trainer: „Wann hat sie angefangen, so ängstlich zu reagieren? Gibt es einen Auslöser?“
Frau Unger: „Mir ist nichts bekannt. Früher hatte sie keine Angst, auch nicht an Silvester.“

Trainer: „Wann war früher? Seit wann hat sie diese Angst?“
Frau Unger: „Seit ca. zwei Jahren. Es hat ganz langsam angefangen und wird nun immer schlimmer. Vor zwei Tagen ist sie mir weggelaufen, als ein Altglascontainer in einen Lkw entleert wurde. Das hat so gescheppert. Zum Glück sind es nur etwa 400 Meter bis nach Hause gewesen und ihr ist nichts passiert.“

Trainer: „Puh, das kann ich verstehen, dass Sie sich da Sorgen machen und etwas ändern wollen. War Dana mal krank, könnte da ein Auslöser gewesen sein?“
Frau Unger: „Nein, sie war immer gesund.“

Trainer: „O. k., und verhält sie sich auf Spaziergängen normal oder haben Sie das Gefühl, sie ist auch unsicher, wenn es nicht knallt?“
Frau Unger: „Sie ist dann auch teilweise ängstlich und dreht sich manchmal hektisch um, obwohl da nichts ist.“

Trainer: „Gehen Sie ausschließlich hier spazieren oder fahren Sie manchmal woanders hin?“
Frau Unger: „Wir fahren auch mal woanders hin. Zu einer Freundin nach Hamburg.“

Trainer: „Verhält sie sich da genauso wie hier zu Hause?“
Frau Unger: „Nein, ich würde sagen, da ist es etwas besser. Wenn da etwas knallen würde, wäre es dort im Anschluss aber genauso wie hier. Im Urlaub am Bodensee hatte sie früher auch keine Angst. Dann hat sie sich bei Wind vor den flatternden Bootsmasten erschrocken, seitdem ist sie dort auch ängstlich. Wir fahren zweimal im Jahr dorthin.“

Trainer: „O. k. Hat sich sonst noch etwas an Dana verändert?“
Frau Unger: „Was meinen Sie damit genau?“

Trainer: „Ist sie genauso aktiv wie früher? Wie ist ihr Schlafverhalten?“
Frau Unger: „Ich weiß nicht, ob es zusammenhängt, sie schläft sehr viel, aber sie ist ja auch sechs geworden.“

Trainer: „Wie viel schläft sie jeden Tag?“
Frau Unger: „Eigentlich immer, wenn wir nicht spazieren gehen. Sie liegt dann in ihrer Höhle.“

Trainer: „Sie kommt auch nicht raus, wenn Besuch kommt oder etwas Spannendes passiert?“
Frau Unger: „Nein, eher selten.“

Trainer: „Ist bei Dana in der letzten Zeit mal ein Blutbild gemacht worden?“
Frau Unger: „Nein, meinen Sie, das sollte ich mal machen lassen?“

Trainer: „Ja, das würde ich vorschlagen, damit wir da auf der sicheren Seite sind, dass es nichts Gesundheitliches ist.“
Frau Unger: „O. k., das mache ich gleich Montag.“

Trainer: „Gut, dann waren das erst mal alle Fragen. Ich würde nun gerne einmal eine Runde laufen, um einen ersten Eindruck zu bekommen, wie Dana sich draußen verhält.“

Ein paar Tage nach dem ersten Training war das Ergebnis des Blutbildes da und es hat sich herausgestellt, dass Dana eine Schilddrüsenunterfunktion hat. Angst, Unsicherheit und Stress können dadurch ausgelöst werden. Sie bekommt nun Medikamente. Ob dies der tatsächliche Grund für ihre Ängste ist oder es noch einen zusätzlichen Auslöser gegeben hat, konnte nicht geklärt werden. Da Dana aber im heimischen Revier ängstlicher ist als in einer neuen Umgebung, könnte es sein, dass sie sich dort vor etwas stark erschreckte, das Frau Unger eventuell nicht wahrgenommen hat.

Wir arbeiten nun mit konditionierter Entspannung. Zusätzlich hat Dana auf Spaziergängen ein Thundershirt an. Frau Unger macht mit ihr mehrere kleine Runden täglich, damit sie nicht so lange am Stück dem Stress ausgesetzt ist. Damit kommt Dana gut klar. Zusätzlich hat Frau Unger auf ihrer Runde Ruheinseln etabliert, die Dana gerne annimmt. Da sich das Verhalten seit zwei Jahren verstärkt hat, hat es eine Zeit lang gedauert, bis Dana anfing, draußen zu entspannen. Nach sechs Monaten war es schon deutlich besser, Frau Unger arbeitet weiter dran.

Übungsbeispiele

Es werden nun zwei unabhängige Fälle geschildert. Überlegen Sie anhand der Angaben aus der Fallschilderung, welche wichtigen Informationen Ihnen noch fehlen. Wie würde Ihr Anamnese-Bogen für die beiden genannten Fälle aussehen und wie könnte ein möglicher Trainingsansatz sein?

Schreiben Sie sich die Fragen und den Trainingsansatz auf und besprechen Sie diese mit einem Trainerkollegen. Sind die Fragen in etwa identisch oder haben Sie unterschiedliche Herangehensweisen?

Fall: Probleme im Haus

Familie Wiesner schreibt folgende E-Mail an den Hundetrainer:

Hallo, Herr Hundetrainer,
wir, die Familie Wiesner (mein Mann, meine kleine Tochter und mein Sohn), haben uns vor einigen Wochen im Tierheim einen Hund ausgesucht. Blacky ist ein kleiner Mischling. Er wurde uns als lieb, ausgeglichen und als idealer Familienhund beschrieben. Wir haben absichtlich einen Hund aus dem Tierheim genommen, um ihm noch ein schönes Leben zu schenken. Nun ist er seit ein paar Wochen bei uns und entwickelt sich immer mehr zum Problem. Er klaut sich das Spielzeug der Kinder und bringt es in sein Körbchen. Wir können es uns dann nicht zurückholen, er knurrt dann. Erst wenn er im Garten ist, können wir es schnell aus dem Körbchen nehmen. Nun ist meiner Tochter letzte Woche ein Brötchen runtergefallen. Als sie es aufheben wollte, kam Timmy und hat es sich ebenfalls geklaut. Auch das hat er nicht mehr hergegeben und nach meinem Mann geschnappt, als er es aus dem Maul nehmen wollte. Wir sind ratlos. Er bekommt genug zu fressen bei uns und hat auch eigenes Spielzeug. Er müsste uns nichts klauen. Als wir ihn aus dem Tierheim geholt haben, war er so lieb, aber nun wird es von Woche zu Woche schlimmer. Wissen Sie einen Rat? Wir würden gerne einen Termin vereinbaren.
Herzliche Grüße
Barbara Wiesner

Aufgabe 1

Sie rufen Familie Wiesner an, um einen Termin zu vereinbaren. Welche für Sie wichtigen Fragen stellen Sie vorab schon am Telefon?

Aufgabe 2

Sie sind nun bei Familie Wiesner zum Erstgespräch. Welche Fragen stellen Sie der Familie, um Blackys Verhalten, aber auch die Hundekenntnisse der Familie besser einschätzen zu können und einen möglichen Trainingsansatz zu finden?

Aufgabe 3

Angenommen, Familie Wiesner konnte Ihnen keinerlei Informationen zu dem Hund geben: Wie würde Ihr Trainingsansatz aussehen?

Fall: Probleme außer Haus

Frau Stahn hat einen Labrador-Rüden namens Bruno. Er ist vier Jahre alt und, wie sie am Telefon berichtet hat, sehr lebhaft. Sie ist neu nach Köln gezogen, weil sie sich um ihre 85-jährige Mutter kümmern will, die aus Altersgründen nicht mehr alles alleine schafft. Frau Stahn arbeitet nun vormittags in einem Kiosk als Verkäuferin. Bruno war bisher immer vormittags zu Hause, wenn Frau Stahn gearbeitet hat. Nun ist er im Kiosk dabei, bellt aber jeden Kunden an, der kommt. Frau Stahn verzweifelt langsam, weil ihr Chef schon droht, dass der Hund nicht mehr mitdarf. Zu Hause kann sie ihn nicht lassen, weil sie im Anschluss an die Arbeit direkt zu ihrer Mutter fahren muss und es zeitlich nicht schafft, einen 16 Kilometer weiten Umweg zu machen. Wenn sie nachmittags mit ihrer Mutter im Park spazieren geht, ist Bruno natürlich dabei, zieht aber wie verrückt an der Leine. Bisher konnte er immer frei laufen. Im Park ist das nicht erlaubt. Auch hier verzweifelt Frau Stahn langsam, weil ein entspannter Spaziergang mit ihrer Mutter nicht möglich ist.

Aufgabe 1

Überlegen Sie, welcher Ort/Treffpunkt für ein Erstgespräch am sinnvollsten wäre, und begründen Sie dies.

Aufgabe 2

Welche Fragen haben Sie an Frau Stahn bezüglich der Situation im Kiosk? Schildern Sie Ihren Trainingsansatz.

Aufgabe 3

Was kann Frau Stahn tun, um den Spaziergang im Park stressfrei zu gestalten? Schildern Sie Ihren Trainingsansatz. Berücksichtigen Sie dabei nicht nur die Zeit im Park, sondern den gesamten Tagesablauf.

Lösung der Übungsbeispiele

Fall: Probleme im Haus

Aufgabe 1

Sie rufen Familie Wiesner an, um einen Termin zu vereinbaren. Welche für Sie wichtigen Fragen stellen Sie vorab schon am Telefon?
„Blacky ist ein Mischling. Können Sie eine ungefähre Angabe zu der Rasse machen?“
(Eventuell vorab ein Foto schicken lassen)
„Wie groß und wie schwer ist der Hund in etwa?“
„Hat er schon jemand ernsthaft gebissen?“
„Ist der Hund im Tierheim oder bei Ihnen an einen Maulkorb gewöhnt worden?“
„Was tun Sie bisher, um weitere Vorfälle zu vermeiden?“
„Was tun Sie zurzeit, um Ihre Kinder zu schützen?“
„Haben Sie Angst vor Timmy oder können Sie sich noch unbeschwert im Haus bewegen?“

Dies sind vorab die wichtigsten Fragen, bevor Sie zum ersten Termin zu der Familie fahren. Natürlich kann auch am Telefon schon ausführlicher gefragt werden, aber die wichtigsten Fragen sind damit zunächst abgedeckt.

Aufgabe 2

Sie sind nun bei Familie Wiesner zum Erstgespräch. Welche Fragen stellen Sie der Familie, um Blackys Verhalten, aber auch die Hundekenntnisse der Familie, besser einschätzen zu können und einen möglichen Trainingsansatz zu finden?
„Ist das Ihr erster Hund oder haben Sie schon Vorerfahrung?“
„Beschreiben Sie mir bitte, welche Eigenschaften Sie an Timmy mögen und warum?“

„Ist Ihnen bekannt, warum er ins Tierheim gekommen ist?“
„Gibt es Informationen zu den Vorbesitzern?“
„Seit wann ist Blacky genau bei Ihnen?“
„Wie hat er sich die ersten Tage hier verhalten?“
„Wann hat sich das Futterverteidigen zum ersten Mal gezeigt?“
„Können Sie einen Unterschied feststellen zwischen Futterverteidigen und Spielzeugverteidigen?“
„Hat sich das Verhalten weiter verstärkt?“
„Was tun Sie, wenn Blacky Sie anknurrt?“
„Wenn Sie Blacky etwas wegnehmen wollen, wie machen Sie das?“
„Gelingt Ihnen das?“
„Wie stark sind Sie durch das Verhalten eingeschränkt?“
„Wie sieht ein normaler Tagesablauf von Blacky aus?“ (Anzahl und Dauer der Spaziergänge; Hundeschule?; Sonstiges)
„Wie lange haben Sie täglich Zeit, mit Blacky zu trainieren?“
„Reagiert er nur bei Futter und Spielzeug so oder auch in anderen Situationen?“
„Können Sie Blacky und die Kinder gleichzeitig managen, ohne Angst haben zu müssen, dass etwas passiert?“

Aufgabe 3

Angenommen, Familie Wiesner könnte Ihnen keinerlei Informationen zu dem Hund geben. Wie würde Ihr Trainingsansatz aussehen?
Zuallererst ist dafür zu sorgen, dass die Kinder nicht gefährdet sind.
Wenn die Kinder mit Spielzeug auf dem Fußboden spielen, ist der Hund keinesfalls im gleichen Raum.
Auch wenn die Kinder essen, ist der Hund nicht im gleichen Raum.
Es liegt kein Hundespielzeug oder Kauknochen rum, den Blacky gegenüber den Kindern verteidigen könnte
Die Eltern sorgen dafür, dass möglichst kein Essen auf dem Boden liegt und Blacky keine weiteren Erfolge hat.
Blacky wird an den Maulkorb gewöhnt.
Er lernt Spielzeug und erbeutetes Futter gegen etwas Höherwertigeres zu tauschen.
Es wird ein Deckentraining aufgebaut. Blacky lernt, auf Kommando auf seine Decke zu gehen und dort eine Belohnung zu bekommen. So kann er im Notfall aus der Situation geschickt werden, wenn doch mal etwas herunterfällt.
Die Familie bekommt theoretische Kenntnisse vermittelt, warum der Hund sich so verhält und dass das Futterklauen nichts damit zu tun hat, ob er satt ist oder nicht.
Die ersten praktischen Trainingsschritte werden aufgebaut.
Es werden kurzfristig Trainings vereinbart, um zu beurteilen, wie sich die Situation entwickelt.

Fall: Probleme außer Haus

Aufgabe 1

Überlegen Sie, welcher Ort/Treffpunkt für ein Erstgespräch am sinnvollsten wäre, und begründen Sie dies.

Der sinnvollste Ort für ein Erstgespräch ist der Kiosk, da hier die größten Probleme bestehen. Wenn möglich, sollte das Treffen so geplant werden, dass der Kiosk noch geöffnet ist, aber nach spätestens 30 Minuten schließt. So kann sich der Trainer das Verhalten des Hundes ansehen und im Anschluss mit Frau Stahn in Ruhe mit dem Training beginnen.

Aufgabe 2

Welche Fragen haben Sie an Frau Stahn bezüglich der Situation im Kiosk? Schildern Sie Ihren Trainingsansatz.

„Zeigt Ihr Hund das Verhalten nur im Kiosk oder auch in anderen Situationen?"
„Hat er von Beginn an so reagiert oder hat sich das Verhalten verstärkt?"
„Bellt er alle Kunden an oder nur bestimmte?"
„Wie lange bellt er, bis er sich wieder beruhigt?"
„Was tut er, wenn der Kunde länger im Kiosk bleibt?"
„Wie reagiert er, wenn er von den Kunden angesprochen wird?"
„Würde er in der Situation Futter von Ihnen oder von Fremden nehmen?"
„Was tun Sie in der Situation?"

Trainingsansatz
Wenn möglich, sollte der Labrador einen Rückzugsort bekommen, an dem er keinen Kontakt zu den Kunden hat. Das kann ein Raum hinter dem direkten Verkaufsraum sein. So kann Bruno entspannen und ist dem ungewohnten Verkaufstrubel nicht den ganzen Tag ausgesetzt. Positives Verhalten (Hund bellt nicht) wird belohnt, negatives (bellt) ignoriert. Damit ihm nicht langweilig ist, kann Frau Stahn ihn zwischendurch mit Nasenspielen wie einem Schnüffelteppich beschäftigen. Zusätzlich sollte er lernen, dass Kunden nicht bedrohlich sind, indem er (wenn das möglich ist) Leckerchen von ihnen bekommt. Eventuell kann Frau Stahn auch eine Gassi-Geherin zu dem Kiosk bestellen, damit Bruno nicht den ganzen Tag dort sein muss und zwischendurch Beschäftigung hat.

Aufgabe 3

Was kann Frau Stahn tun, um den Spaziergang im Park stressfrei zu gestalten? Schildern Sie Ihren Trainingsansatz. Berücksichtigen Sie dabei nicht nur die Zeit im Park, sondern den gesamten Tagesablauf.

Trainingsansatz
Frau Stahn kann nachmittags im Park, wenn die Mutter dabei ist, Nasensuchspiele anbieten, um den Hund alternativ zu beschäftigen und ihm die Langeweile an der kurzen Leine zu nehmen. Zusätzlich sollte Bruno morgens vor der Arbeit schon einmal ausgiebig laufen können, da er im Park durchgängig angeleint sein muss. Vielleicht besteht auch die Möglichkeit, mit der Mutter spazieren zu gehen, wo keine Leinenpflicht herrscht.

Das Einzeltraining

Das Einzeltraining ist ein persönliches individuelles Training, in dem der Trainer ausschließlich für einen Hundehalter oder eine Familie und den Hund da ist. Es findet bei dem Hundehalter zu Hause, auf dem Hundeplatz oder dort, wo die Probleme bestehen, statt.

Einzeltraining im Park.

Warum Einzeltraining?

Einzeltraining ist individuell und fokussiert auf die Situation oder Problemlagen des Hundehalters und seines Hundes. Im Gegensatz zum Training auf dem Hundeplatz, wo die Hundeschule das Thema bestimmt und das Mensch-Hund-Team sich danach richten muss, bestimmt im Einzeltraining der Hundehalter das Thema. Viele Bereiche lassen sich durch Gruppenkurse abdecken, wie zum Beispiel die Grundgehorsamskurse, Vorbereitung auf die Begleithundeprüfung und viele weitere. Häufig ist es aber sinnvoller, ein Einzeltraining durchzuführen: „Mein Hund bleibt nicht alleine zu Hause, obwohl ich schon in einer Hundeschule war" oder „Mein Hund bellt immer noch Jogger an, ich verstehe das nicht, Sitz und Platz klappt doch so super." Kommen Ihnen solche Sätze bekannt vor? Diese Themenbereiche können nicht in einer Gruppenstunde abgehandelt werden. Hier ist es sinnvoller, sich die Situation an Ort und Stelle anzuschauen, um zielführend daran arbeiten zu können.

Einzeltraining mit einer angstaggressiven Hündin. Sie wäre zurzeit im Gruppentraining überfordert.

Wann ist Einzeltraining sinnvoll?

Einzeltraining ist immer dann sinnvoll, wenn es zu Schwierigkeiten in der Mensch-Hund-Beziehung kommt, die in der Gruppe auf dem Hundeplatz nicht thematisiert werden können, oder wenn der Trainer sich an dem Ort, an dem die Probleme auftreten, ein Bild von der Situation verschaffen muss. Das können unter anderem folgende Bereiche sein:

- Angst-Problematiken
- Aggressionen
- aufmerksamkeitsforderndes Verhalten
- Störungen der Aktivität
- gesteigerte Erregbarkeit
- destruktives Verhalten
- mangelnde Stubenreinheit
- Unkontrollierbarkeit beim Spaziergang
- Jagen
- Rasse- und Kaufberatung
- Beratung Hund und Kind

Die Liste ließe sich noch fortsetzen, aber dies sind die häufigsten Problematiken, wenn ein Einzeltraining angebracht ist.

Vorteile und Nachteile des Einzeltrainings

Vorteile

- Der Trainer hat einen bestimmten Zeitrahmen, in dem er nur für den einen Kunden da ist.
- Der Kunde kann das Thema selbst bestimmen.
- Das Training findet wirklich dort statt, wo die Probleme auftreten.
- Der Trainer kann sich an Ort und Stelle einen Gesamteindruck verschaffen und auch andere Quellen, die vielleicht in die Problematik mit einspielen, ansprechen und abstellen.

Einzeltraining: Den Spaziergang mit Hund und Kind gemeinsam meistern.

Einzeltraining: Leinenführigkeit.

Einzeltraining: Hundebegegnung mit Hilfsperson.

- Theoretische Inhalte können zielgerichtet vermittelt werden.
- Das Training ist effektiver, weil der Trainer sich nur auf das eine Mensch-Hund-Team konzentrieren muss.

Nachteile

- Der Trainer muss darauf achten, den Kunden durch den intensiven Unterricht nicht zu überfordern.
- Ein Einzeltraining ist teurer als in der Gruppe.
- Für bestimmte Situationen müssen Hilfspersonen oder andere Hunde anwesend sein, die vom Trainer an den Trainingsort bestellt werden müssen.

Vorbereitung

Das Einzeltraining bedarf einer besonderen Vorbereitung. Im Gruppenunterricht haben Sie Ihren „Fahrplan“ und haben die Stunden wahrscheinlich in der Form schon zig Mal absolviert. Das Einzeltraining ist nie Routine. Es geht hier häufig nicht um das Erlernen von Sitz, Platz, Fuß. Das kann zwar auch mal vorkommen, wenn sich ein Kunde eine Exklusivstunde gönnen möchte, in den meisten Fällen sind es aber spezielle Gründe, wegen denen Sie gerufen werden, und die sind alle einzigartig, weil die unterschiedlichsten Faktoren hineinspielen.

Im ersten Termin haben Sie im Anamnese-Gespräch bereits wichtige Informationen, die für das Training relevant sind, in Erfahrung gebracht. Sie wissen Bescheid über:

- Vorerfahrung des Hundehalters
- Wer hat regelmäßig noch mit dem Hund zu tun? (Familienmitglieder, Gassigänger, Hundetagesstätte usw.)
- Vorgeschichte und Ausbildungsstand des Hundes
- die bestehende Problematik
- das Trainingsziel

Wird nun ein Termin für ein Einzeltraining vereinbart, bitten Sie die Kunden, Folgendes für den Termin zu beachten und vorzubereiten:

Idealerweise sind alle Familienmitglieder, die mit dem Hund zu tun haben, zu dem Termin anwesend. Es bringt nichts, wenn Sie bestimmte Trainingsschritte erklären und andere Familienangehörige es anders machen, weil sie nicht dabei waren und wichtige Informationen nicht bekommen haben.

Der Tagesablauf des Hundes ist vor dem Termin genauso wie immer. Sie wollen den Hund schließlich in dem Verhalten sehen, das er sonst auch zeigt. Es verfälscht die Situation, wenn die Hundehalter vorher schon 10 Kilometer Rad fahren und der Hund erschöpft im Körbchen liegt.

Treffen Sie sich beim Kunden zu Hause, bitten Sie ihn, alles so wie immer zu machen, wenn Sie an der Tür klingeln. Wird der Hund erst zwanzig Mal ins Körbchen geschickt, obwohl das sonst nie so gehandhabt wird, ist er wahrscheinlich schon verunsichert und zeigt sich nicht so wie im Normalfall.

Treffen Sie sich nicht bei dem Kunden zu Hause, bitten Sie ihn, alle wichtigen Utensilien für das Training mitzubringen. Fragen Sie am besten vorher, mit welcher Ausrüstung er trainiert, damit Sie keine bösen Überraschungen erleben. Ist dieses im Vorfeld geklärt, kann das Benötigte gegebenenfalls auch noch besorgt werden.

Das Wohlfühlland

Wir kennen das von uns selbst: Wenn wir ein Problem haben, sehen wir häufig nur das Negative. Wir überlegen, wie es wohl dazu gekommen ist, und haben immer wieder die Bilder der jeweiligen Problemsituation vor Augen. Das frustriert und zieht uns herunter. Es ist schwer, an der Problematik zu arbeiten, wenn man in diesem Negativtunnel gefangen ist.

Ihren Kunden geht es da genauso. Um 16 Uhr ist der Termin zum Einzeltraining. Schon vorher gehen dem Hundehalter etliche Dinge durch den Kopf: „Was ist, wenn Dixon wieder die anderen Hunde so anpöbelt? Ich werde mich blamieren. Wird das wohl jemals klappen mit dem Training? Was denken die anderen Hundebesitzer bloß von mir? Den Dackel der Nachbarn wird Dixon auf jeden Fall anbellen. Der Trainer denkt bestimmt auch schon, ich kriege es nicht hin."

Wie im Erstgespräch ist es wichtig, den Kunden bei jedem Training in eine positive Stimmung zu holen. Natürlich muss auch aufgegriffen werden, was nicht so gut lief, das Training beginne ich aber immer damit, den Hundehalter davon erzählen zu lassen, was besonders gut geklappt hat. Das Erzählen von positiven Erlebnissen führt automatisch zu besserer Laune und motiviert für das bevorstehende Training.

Hier ein Fallbeispiel:
Penny ist ein Terrier. Sie mag keine Katzen und verbellt diese laut und mit Nachdruck. Auch wenn die Katze weg ist, kann sich Penny erst langsam wieder beruhigen. Zu Beginn des Trainings hing sie manchmal kreischend in der Leine, wenn eine Katze über die Straße lief, und beruhigte sich erst nach einiger Zeit, wenn die Katze schon lange nicht mehr zu

sehen war. Nach einigen Wochen Training war es bereits deutlich besser. Sie bellte noch, kreischte aber nicht mehr. Zudem beruhigte sie sich relativ schnell wieder, sobald die Katze außer Sicht war. Die Besitzerin nahm diese Fortschritte wahr, jammerte jedoch zu Beginn jeder Stunde darüber, dass Penny ja immer noch bellen würde.

Lautet die Frage zu Beginn der Stunde: „Na, wie lief es?“, ist das praktisch eine Einladung, sich darüber auszulassen, was Penny alles falsch gemacht hat. Wählen Sie aber einen positiven Einstieg, hat der Kunde keine andere Möglichkeit als von den Erfolgen zu berichten: „Welche Fortschritte habt ihr seit dem letzten Training gemacht?“, oder: „Erzähl mir mal, was in der letzten Woche schon gut geklappt hat.“ Der Hundehalter wird nun wahrscheinlich anfangen, von den Trainingserfolgen zu erzählen: „Penny war mehrfach noch ansprechbar, wenn sie eine Katze gesehen hat.“

Schaffen Sie es mit dieser Formulierung noch nicht, den Kunden von Erfolgen berichten zu lassen und er spricht nur vom Negativen: „Eigentlich hat fast gar nichts geklappt“, fragen Sie kleinschrittiger: „Du sagst, es hat in der letzten Woche gar nichts geklappt? Hat sie auch die Belohnung nicht genommen, wenn sie sich beruhigt hat?“ – „Doch, die hat sie genommen, das hat geklappt.“ – „Und hat sie immer noch so lange gebellt?“ – „Nein, das ist schon etwas kürzer.“ – „Na siehst du – und was hat noch geklappt?“ – „Sie sucht häufiger den Blickkontakt und ich kann mit ihr zu der Stelle gehen, wo die Katze war, sie schnüffelt dann, bleibt aber ruhig.“ – „Siehst du, dann habt ihr doch Erfolge gehabt. Super! Daran schließen wir nun an.“

Ablauf des Trainings schildern

Kennen Sie die Situation beim Arzt, wenn er einfach anfängt zu behandeln, ohne dass Sie wissen, was er tut und warum? Ich fühle mich dann ziemlich ausgeliefert und unsicher. Damit Ihr Kunde nicht in so eine Situation kommt, ist es sinnvoll, vor dem Training immer einen kurzen Überblick zu geben, was in der Stunde das Thema sein wird. Dazu reichen ein bis zwei Sätze: „Beim letzten Mal habe ich dir gezeigt, wie du Penny aus der Situation holen kannst, wenn sie die Katze verbellt und an der Leine reißt. Heute geht es darum, dass sie ansprechbar bleibt, und ich zeige dir einige Übungen aus dem Impulskontrolltraining, damit sie lernt, sich besser zu beherrschen und nicht mehr so schnell frustriert zu sein.“

Zu Beginn jeden Trainings lassen Sie den Kunden, wenn möglich, zuerst einmal zeigen, welche Fortschritte er gemacht hat. Das motiviert zusätzlich, bevor es ans weitere Training geht. Auch ein Trainingsvideo, das in den letzten Tagen durch den Hundehalter aufgenommen wurde und welches Sie gemeinsam analysieren, ist hilfreich.

Das Training

Das Einzeltraining ist eine Begleitung, Unterstützung und ein Coaching in der jeweiligen Problemsituation. Sie haben nun gesehen, auf welchem Trainingsstand sich das Mensch-Hund-Team gerade befindet, und eventuell hat der Kunde auch Trainingsvideos aufgenommen. So können Sie zuerst die Ist-Situation besprechen und Tipps für das weitere Training geben. Achten Sie darauf, weder Hundehalter noch Hund zu überfordern. Erkennen Sie, dass noch deutliche Unsicher-

Die Hundehalterin möchte an der Impulskontrolle arbeiten. Ihr Hund kann sich bei großer Ablenkung noch nicht beherrschen.

Mittlerweile zeigt das Training erste Erfolge und die Hündin bleibt entspannt liegen.

heiten bestehen oder das Team noch nicht bereit dazu ist, die nächste Trainingsstufe zu erklimmen, festigen Sie nochmals die Inhalte der vorherigen Stunde. Erst wenn die kleinen Zwischenziele sicher klappen, ist es sinnvoll, den Schwierigkeitsgrad zu erhöhen oder Neues hinzuzufügen. Gegebenenfalls gehen Sie lieber noch mal einen Schritt zurück, wenn Sie bemerken, dass eine Verschlechterung eingetreten ist. Lieber in kleinen Schritten erfolgreich vorwärts als in zu großen und dabei auf die Nase fallen.

Sind Hund und Halter nun so weit, dass Neues erarbeitet werden kann, erklären Sie dies zuerst auch wieder theoretisch. Im Einzeltraining bietet sich dies besonders an, da Sie die theoretischen Inhalte genau auf den Kunden und dessen Auffassungsgabe zugeschnitten vermitteln können. Erklären Sie dem Kunden auch den Sinn der Übung, welches Ziel

Sie damit verfolgen und welches Verhalten des Hundes Sie dadurch erwarten. Das ist wichtig, damit der Kunde im Training immer den Überblick behält. Ich habe schon erlebt, dass Kunden bestimmte Übungen nicht durchführten, weil der Hundetrainer den Sinn der Übung nicht erläutert hat. So dachte ein Kunde zum Beispiel, dass das Zehn-Leckerchen-Spiel reiner Zeitvertreib sei. Dass der Trainer damit die Impulskontrolle trainieren wollte, wusste der Kunde nicht und hat die Übung nicht weiter durchgeführt.

Im Anschluss folgt die Praxis. Je nachdem, an welchem Problem Sie arbeiten, schaffen Sie Hund und Halter eine Umgebung, in der das Ausprobieren von Neuem sicher klappen kann. Möchten Sie zum Beispiel einen sicheren Rückruf etablieren, wählen Sie eine reizarme Umgebung mit möglichst wenig Ablenkung. So haben sowohl der Hund als auch der Halter schnell erste Erfolge. Klappt der Rückruf, kann die Umgebung schrittweise schwieriger werden.

Nachdem die neuen Aufgaben besprochen wurden, vergewissern Sie sich, ob möglicherweise Unklarheiten bestehen und noch Fragen offen sind.

Zum Ende des Trainings erläutere ich immer, wie die Ziele für die nächsten Wochen und Monate aussehen. Mit diesem Überblick verliert der Hundehalter das Ziel nicht aus den Augen. Damit der Kunde mit dem Training nicht nachlässt, formulieren Sie die Ziele so, dass er Kunde den Nutzen förmlich spüren kann. Wenn Sie sagen: „In vier Wochen wird Fido schon deutlich weniger an der Leine ziehen", ist das zwar in Ordnung, aber positivere Gefühle wecken Sie, indem Sie sagen: „In vier Wochen wirst du schon entspannt mit Fido durch den Park laufen können, so wie du dir das gewünscht hast."

Damit eine Übung zum Erfolg führt, ist es wichtig, dem Hundehalter genau zu erklären, welchen Nutzen sie hat und welches Ziel damit verfolgt werden soll. Hier ein Impulskontrolltraining.

Die Hausaufgabe

Damit das Training Erfolg hat, muss der Hundehalter natürlich auch außerhalb der Stunden weitertrainieren. Besprechen Sie, wie viel Zeit der Kunde bis zum nächsten Termin für das Training hat, um die Aufgaben für zu Hause realistisch planen zu können. Weisen Sie auch darauf hin, dass die Aufgaben nur nach Absprache schwieriger gestaltet werden, um eine Überforderung des Hundes zu vermeiden. Es ist schon vorgekommen, dass Hundehalter sich bei kleinen Erfolgen schnell überschätzen und dann Rückschläge haben und frustriert sind.

Einzeltraining mit einem Mehrhundehalter. Die Hunde sollen lernen, auch in Entfernung ruhig liegen zu bleiben.

Trainingstagebuch

Im Trainingstagebuch können die Ergebnisse des täglichen Trainings aufgeschrieben und so besser reflektiert werden. Dazu gehören Datum, Zeit und Ort, an dem trainiert wurde. Neben der Übung, die absolviert wurde, kann der Kunde zusätzlich eintragen, wie gut diese gelungen ist, wie hoch die Ablenkung war und wie der Hund sich verhalten hat. Später kann so immer auf den Trainingsstand des Hundes zurückgeschaut werden.

Nicht nur für den Hundehalter, auch für den Trainer ist es hilfreich, das Training zu dokumentieren. So haben Sie immer einen Überblick, mit welchem Trainingsstand Sie begonnen haben und wie dieser sich während des Trainings verändert hat.

Im Trainingstagebuch vermerkt der Kunde, dass die drei Podencos nach wenigen Tagen bei geringer Ablenkung ruhig liegen geblieben sind.

Gruppenunterricht

Gruppentraining findet auf dem Trainingsplatz, in der Stadt oder auch in Wald und Flur statt. Im Gegensatz zum Einzeltraining müssen Sie mehrere Mensch-Hund-Teams gleichzeitig anleiten. Im Gruppentraining legt der Trainer die Themen fest, die Inhalte werden dann stundenweise aufgebaut, geübt und gefestigt. Übliche Themen von Gruppentraining sind: Welpenkurse, Grundgehorsam, Vorbereitung auf die Begleithundeprüfung, Leinenführigkeit und Rückruftraining. Aber auch speziellere Themen wie Antijagdtraining, Antigiftködertraining und weitere können in der Gruppe gut vermittelt werden.

Vorteile des Gruppentrainings

- Gruppentraining ist deutlich günstiger als Einzeltraining.
- Die Teilnehmer können sich in der Gruppe austauschen.
- Bei mehreren Hunden in der Gruppe kommt es selten zu einer Überforderung, da alle mal dran sind und der Fokus nicht auf dem Einzelnen liegt.
- Alle Mensch-Hund-Teams können sich gegenseitig für das Training nutzen, zum Beispiel als Ablenkung.

Gruppentraining in der Stadt, das Thema heißt Alltagstraining.

Gruppentraining im Wald, wir üben das Laufen durch eine Gasse aus mehreren Hunden.

Nachteile des Gruppentrainings

- Es ist wenig Zeit für individuelle Fragen von Teilnehmern.
- Es gibt wenig Diskretion.
- Das Thema ist vorgegeben und lässt keinen oder nur wenig Spielraum für spezielle Wünsche.
- Je nach Ausbildungsstand und Vorgeschichte des Hundes kann es zu einer Überforderung durch die anderen Menschen und Hunde kommen.
- Theoretische Inhalte müssen auf das Niveau und die Vorbildung aller Kunden angepasst werden.

Vorbereitung

Im Einzeltraining lernen Sie einen Hund kennen und erstellen im Anschluss einen Trainingsplan. Im Gruppentraining ist es genau umgekehrt: Sie erarbeiten die Inhalte, bevor Sie die Hunde kennen. Vor Kursbeginn gilt es also, für die geplante Anzahl von Stunden die Inhalte und Übungen in Theorie und Praxis vorzubereiten. Auch eine kurze Vorstellung und Einleitung für die erste Stunde sollte vorbereitet werden. Sie gibt einen Überblick, wer Sie sind, wie der Ablauf des Kurses ist und über sein Ziel bzw. darüber, was der Hund am Ende des Kurses gelernt haben soll. Mit der Bearbeitung der folgenden Fragen können Sie sich optimal vorbereiten:

- Welche Kursinhalte sollen vermittelt werden?
- Wie viele Stunden sind nötig, um das Trainingsziel zu erreichen?

- Feste oder offene Gruppen?
- Welche Utensilien/Hilfsmittel werden benötigt?
- Wie viele Teilnehmer können mitmachen?
- Wo soll der Kurs stattfinden? (Trainingsgelände, Stadt, Wald)
- Welche Voraussetzungen/welchen Ausbildungsstand müssen die Hunde haben?
- Wie soll der Kurs heißen?
- Wann soll der Kurs beginnen?

Welche Kursinhalte sollen vermittelt werden?

Gründen Sie gerade eine neue Hundeschule und erarbeiten Ihre Gruppenkurse? Vielleicht haben auch Ihre Kunden nach einem Workshop zu einem bestimmten Thema gefragt oder Sie haben selber eine tolle Idee für ein neues Thema? Aus welchem Grund auch immer Sie ein neues Konzept schreiben, es ist eine Menge Vorarbeit nötig, bevor es losgeht. Zuerst wählen Sie den Oberbegriff. Ein Kunde sagt während des Junghundkurses: „Barny hört schon wieder gar nicht. Können wir nicht mal speziell das Zurückrufen trainieren?" Und schon ist die Idee da: ein Rückruftraining. „Klar, das können wir gerne mal ins Auge fassen." Manchmal kommt man schneller zu einem neuen Kurs, als man „Der tut nix" sagen kann.

Der Oberbegriff steht nun also, aber wie geht es weiter? Nehmen Sie sich ein Blatt Papier und machen ein Brainstorming. Schreiben Sie alles nieder, was Ihnen für einen Kurs zu dem Thema Rückruf einfällt und wichtig erscheint.

Beziehen Sie bei diesen Überlegungen auch gerne Ihre Kunden mit ein. Manchmal denkt man als Trainer anders als der Hundeschulkunde oder übersieht spezielle Wünsche versehentlich. Bevor Sie also beginnen, Ihr Konzept

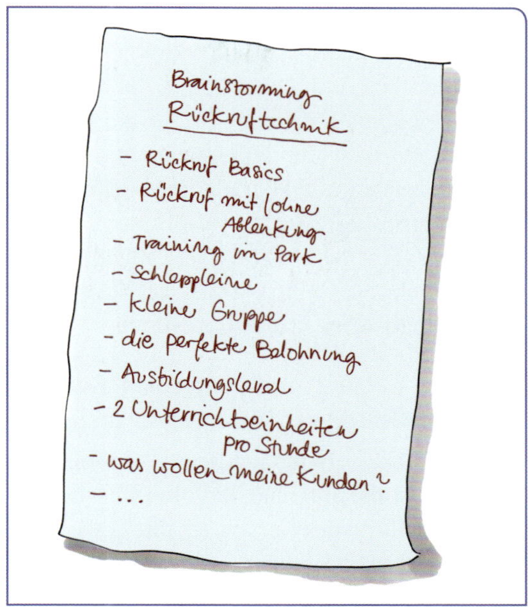

Ideensammlung für einen neuen Kurs.

auszuarbeiten, fragen Sie in einer ruhigen Minute nach dem Training, was Ihre Teilnehmer sich für so einen Kurs wünschen würden. Sie können auch einen Aushang an einer Pinnwand machen, auf den jeder seine Ideen schreiben kann. Sie werden sehen, dass noch einige gute Anregungen dazukommen.

Mittlerweile gibt es auch schon sehr gute Anbieter, bei denen man fertige Kurse kaufen kann. Da muss jeder für sich entscheiden, ob er einen Kurs „von der Stange" oder einen selbst konzipierten bevorzugt. Beides hat sicherlich Vor- und Nachteile. Ist man kreativ und macht gerne Schreibtischarbeit, bereitet die Ausarbeitung eines neuen Kurses sicher viel Freude. Ist man eher praktisch veranlagt und unterrichtet lieber, als im Büro zu sitzen, ist der gekaufte Kurs wohl die bessere Lösung.

Haben Sie nun Ihre eigenen Ideen und die der Kunden gesammelt, gilt es diese in eine sinnvolle Reihenfolge zu bringen und passende Übungen dazu auszuarbeiten. Auch theoretische Anteile sollte mittlerweile jeder gute Hundeschulkurs beinhalten. Sie brauchen dazu keinen Seminarraum, Wissen lässt sich auch gut auf dem Hundeplatz zwischen den Übungen vermitteln. Hier ein Beispiel, wie ein Rückrufkurs aufgebaut sein könnte:

Fallbeispiel: Kurs Rückruftraining

1. Stunde: Training mit Schleppleine (Hundeplatz oder Ort mit sehr geringer Ablenkung)

- Vorstellung der eigenen Person, Ausbildung, Philosophie und Trainingsansatz
- Beschreibung des Kurses, Inhalte, Zweck, Ziel, Ablauf, Organisatorisches
- Vorstellung der Teilnehmer und Hunde (Hier können auch Fragen vorgegeben werden, um es den Kunden zu erleichtern, da Vorstellungsrunden meistens nicht sehr beliebt sind. Die Fragen können lauten: Wie heißt du? Wie heißt dein Hund? Warum nimmst du teil? Was sind eure „Baustellen“? Was versprichst du dir von dem Kurs? Wie sieht euer ideales Ergebnis aus, wenn der Kurs zu Ende ist?)
- Theoretische Einführung in das Rückruftraining (Was bedeutet zuverlässiger Rückruf? Wozu werden unterschiedliche Rückrufe aufgebaut? Unterschied Stimme und Pfeife; Die richtige Belohnung; Rasseabhängiges Lernverhalten; Unterschiede und Gründe der Lerngeschwindigkeit bei Hunden; u. v. m)
- Beginn mit einer einfachen Gruppenübung (zum Beispiel Slalomlaufen um die anderen Hunde, damit alle Hunde sich einmal gesehen haben und die anfängliche Unruhe abnimmt. Als Trainer bekommen Sie ein Gespür für die Individualdistanz der Hunde und den Umgang der Hundehalter mit dem Hund. Ist die neue Gruppe sehr unruhig, kann die Übung auch vorgezogen werden. Meistens wird es im Anschluss ruhiger.)

Rückruftraining an der Schleppleine.

- Einführung in den Umgang mit der Schleppleine
- Erklärung und Aufbau des ersten Rückrufkommandos (Hund soll zum Besitzer kommen ohne weitere Konsequenz wie Sitz oder Eingrenzen des Radius. Der Hund bekommt die Belohnung und darf wieder laufen.)
- Beginn mit der ersten einfachen Rückrufübung, Kommando zum Beispiel: „Zu mir" (Hundehalter rufen den Hund zu sich, wenn er gerade nicht sehr abgelenkt ist. Die Übung wird zuerst einzeln durchgeführt, damit der Trainer jeden Teilnehmer im Blick hat.)
- Wiederholung der Übung jeder Hundehalter für sich
- Besprechung von möglichen Schwierigkeiten
- Hausaufgabe (Üben des ersten Rückrufkommandos, eventuell individuelle Aufgabenstellung je nach Stand der Teilnehmer)

2. Stunde: Training mit Schleppleine (Hundeplatz oder Ort mit sehr geringer Ablenkung)

- Besprechung Hausaufgabe: Was lief gut, was lief nicht so gut?
- Wiederholung der Übung aus der ersten Stunde
- Rückrufübungen mit Steigerung des Schwierigkeitsgrades (zum Beispiel Abruf an Spielzeug vorbei oder wenn der Hund gerade schnuppert)
- Aufbau des zweiten Rückrufkommandos, Kommando zum Beispiel: „Hier" (Hund soll bei Rufen in den Vorsitz und im Anschluss in die Fußposition kommen)
- Theorie: Attraktive Belohnungen. Welche Belohnungsmöglichkeiten gibt es? Woran erkenne ich, welche Belohnungsart mein Hund am besten findet?
- Üben des zweiten Rückrufkommandos (zuerst wieder jeder einzeln)
- Wiederholung der Übung jeder Hundehalter für sich
- Besprechung von möglichen Schwierigkeiten
- Hausaufgabe (Üben der zwei Rückrufe, eventuell individuelle Aufgabenstellung je nach Fortschritt der Teilnehmer)

3. Stunde: Training mit und ohne Schleppleine (Hundeplatz oder Ort mit sehr geringer Ablenkung)

- Besprechung Hausaufgabe: Was lief gut, was lief nicht so gut?
- Wiederholung der Übung aus den ersten zwei Stunden
- Wiederholung der Übungen mit Steigerung des Schwierigkeitsgrades (zum Beispiel Abruf an Spielzeug/Felldummy/Futter vorbei, Abruf durch Hundegasse)
- Aufbau des dritten Rückrufkommandos, dem Notfallrückruf/Jackpotruf, Kommando zum Beispiel: „Yip, yip, yip" (Der Rückruf soll nach richtiger Konditionierung auch im äußersten Notfall noch funktionieren, wenn der Hund zum Beispiel Wild gesehen hat oder einen Jogger jagen will.)
- Theorie: Erläuterung, was der genaue Unterschied zwischen den drei Rückrufen ist und warum alle drei wichtig sind
- Üben des Notfallrückrufes (zuerst wieder jeder einzeln)
- Wiederholung der Übung jeder Hundehalter für sich
- Besprechung von möglichen Schwierigkeiten
- Hausaufgabe (Üben der drei Rückrufe, eventuell individuelle Aufgabenstellung je nach Fortschritt der Teilnehmer)

4. Stunde: Training mit und ohne Schleppleine (Hundeplatz oder Ort mit sehr geringer Ablenkung)

- Besprechung Hausaufgabe: Was lief gut, was lief nicht so gut?
- Wiederholung der Übungen aus den vorherigen drei Stunden
- Wiederholung der Übungen mit Steigerung des Schwierigkeitsgrades (zum Beispiel Abruf an lockendem Trainer vorbei)
- Theorie: Erklärung und Erläuterung zur Konditionierung der Pfeife (Da es nicht sinnvoll ist, wenn zu Beginn auf dem Platz alle wild durcheinanderpfeifen, erklären Sie am besten nur den theoretischen Aufbau und lassen die Hundehalter die Pfeife zuerst zu Hause konditionieren.)
- Hausaufgabe (Üben der Rückrufe und Konditionierung der Pfeife)

5. Stunde: Training mit und ohne Schleppleine (Hundeplatz oder Ort mit sehr geringer Ablenkung)

- Besprechung Hausaufgabe: Was lief gut, was lief nicht so gut?
- Einfache Rückrufübung durch Nutzen der Pfeife (einzeln)
- Weitere Übungen mit der Pfeife
- Übungen zu den drei anderen Rückrufen, Schwierigkeit individuell nach Hund und Teilnehmer
- Hausaufgabe (Üben der Rückrufe mit den drei verschiedenen Rückrufkommandos und der Pfeife)

Rückruftraining mit geringer Ablenkung in einem dem Hund bekannten Waldstück.

6. Stunde: Training mit und ohne Schleppleine (Hundeplatz oder Ort mit sehr geringer Ablenkung)

- Besprechung Hausaufgabe: Was lief gut, was lief nicht so gut?
- Theorie: Was tun, wenn das Training nicht klappt oder stagniert?
- Rückrufübungen mit der Pfeife
- Übungen zu den drei anderen Rückrufen, Schwierigkeit individuell nach Teilnehmer
- Hausaufgabe (Üben der Rückrufe mit den drei verschiedenen Rückrufkommandos und der Pfeife)

7. Stunde: Training mit der Schleppleine (Waldgebiet oder Landschaft mit wenig Ablenkung)

- Besprechung Hausaufgabe: Was lief gut, was lief nicht so gut?
- Theorie: Worauf ist beim Rückruf im Park, in der Stadt, auf der Hundewiese besonders zu achten? Wo könnten Probleme auftreten? Was mache ich, wenn es nicht klappt?
- Einfache Übungen zu den ersten zwei Rückrufen („Zu mir" und „Hier")
- Steigerung der Schwierigkeit zu den ersten zwei Rückrufen („Zu mir" und „Hier") individuell nach Teilnehmer (Radfahrer, Spaziergänger mit Hund)
- Hausaufgabe (Üben der ersten zwei Rückrufe unter normaler bis erhöhter Ablenkung im Wald oder Stadtpark)

8. Stunde: Training mit der Schleppleine (Stadtpark oder ähnlicher Ort mit höherer Ablenkung)

- Besprechung Hausaufgabe: Was lief gut, was lief nicht so gut?
- Theorie: Wie kann ich die Schleppleine langsam ausschleichen, wie mache ich das und wann ist der richtige Zeitpunkt dafür?
- Übungen zu den ersten zwei Rückrufen („Zu mir" und „Hier") mit Rückrufkommando und/oder Pfeife
- Übungen zum Notfallrückruf („Yip, yip, yip")
- Hausaufgabe (Üben der ersten zwei Rückrufe unter erhöhter Ablenkung im Wald oder Stadtpark)

9. Stunde: Training mit der Schleppleine (Tierpark, Zoo oder ähnlicher Ort mit hoher Ablenkung)

- Besprechung Hausaufgabe: Was lief gut, was lief nicht so gut?
- Theorie: „Bad hear day". Was wenn mal gar nichts klappt? (Alternativen schaffen, um trotzdem zufrieden nach Hause zu gehen)
- Übungen zu den ersten zwei Rückrufen („Zu mir" und „Hier") mit Rückrufkommando und/oder Pfeife
- Übungen zum Notfallrückruf („Yip, yip, yip")
- Hausaufgabe (Üben der drei Rückrufe unter erhöhter Ablenkung im Wald oder Stadtpark)

10. Stunde: Abschluss (Hundeplatz)

- Besprechung Hausaufgabe: Was lief gut, was lief nicht so gut?
- Aufwärmübungen zu den drei Rückrufen mit Rückrufkommando und/oder Pfeife
- „Prüfung" jedes einzelnen Teilnehmers Dies kann zum Beispiel eine Abfolge unterschiedlicher Rückrufe mit verschiedenen Schwierigkeitsgraden sein. Hierbei sind stets die Rasseeigenschaften und der Ausbildungsstand des Hundes zu berücksichtigen. Ein Malinois wird nach zehn Stunden anders abrufbar sein als ein Jagdterrier oder der Mischling von Frau Meier, der mit

acht Jahren zum ersten Mal die Hundeschule besucht. Da in den vorherigen Stunden den Teilnehmern in den Theorieeinheiten schon verdeutlicht wurde, dass jeder Hund individuell lernt, kann auch die Prüfung individuell abgelegt werden, sodass jeder Teilnehmer eine Chance hat zu bestehen. Auch wenn die Prüfung keine offizielle Bedeutung hat, freuen sich die Teilnehmer, auf ein Ziel hinzuarbeiten und im Anschluss ein Zertifikat zu bekommen. Die Stunde kann dann je nach Lust und Laune auch mit Kaffee, Keksen und einem Plausch enden. So bleibt der Kurs in guter Erinnerung und die Kunden kommen gerne wieder.

So kann ein Konzept für ein Gruppentraining aussehen. Die einzelnen Übungen sind in diesem Beispiel nicht aufgeführt, das würde hier den Rahmen sprengen. Wichtig ist, einen Plan zu haben, auch wenn man von diesem sicher einige Male abweichen wird. Sie sehen von Stunde zu Stunde, ob Sie noch im Zeitplan sind, und können schwache Teilnehmer gegebenenfalls unterstützen oder sehr fortgeschrittene Hundehalter mit schwierigeren Aufgaben beschäftigen, damit niemand zu kurz kommt.

Wie viele Stunden sind nötig, um das Trainingsziel zu erreichen?

Wie viele Stunden Sie für einen Gruppenkurs veranschlagen, um das Ziel realistisch erreichen zu können, hängt von unterschiedlichen Faktoren ab:

- Wie komplex ist das Thema?
- Welche Inhalte wollen Sie genau vermitteln?
- Wie viele Teilnehmer sind dabei?
- Welchen Ausbildungsstand haben die Teilnehmer und die Hunde?

Wenn Sie unsicher bezüglich der Stundenanzahl sind, ist es immer ratsam, ein bis zwei Stunden mehr zu planen als zu wenig. Sollten

Planen Sie immer einen Zeitpuffer ein, damit das Gruppenziel für alle erreichbar ist.

die Teilnehmer nicht die erwarteten Fortschritte machen, haben Sie so noch einen zeitlichen Puffer. Wird das Lernziel wie geplant erreicht, können Sie die Stunden mit zusätzlichen themenbezogenen Spielen oder schwierigeren Übungen ausbauen.

Feste oder offene Gruppen?

Ob Sie feste oder offene Gruppen anbieten, hängt von Ihnen ab. Beides hat Vor- und Nachteile. In der festen Gruppe kennen sich alle Teilnehmer und trainieren gemeinsam auf ein Ziel hin. Die Aufgaben können vorher geplant werden und alle Teilnehmer sind in etwa auf dem gleichen Lernlevel.

In der offenen Gruppe ist es immer eine Überraschung, wer und wie viele zum Training kommen. Die Aufgaben können nur grob geplant werden. Es sind häufig wechselnde Hunde in der Gruppe, was zum einen eine gute Möglichkeit fürs Training sein kann, bei

Vorteil von offenen Gruppen: Alltagssituationen können realistischer nachgestellt werden, da die Hunde häufiger wechseln.

Vorteil von festen Gruppen: Alle Teilnehmer und die Hunde kennen sich.

manchen Hunden aber vielleicht auch Stress auslöst. Durch den unterschiedlichen Ausbildungsstand fühlen sich einige Kunden vielleicht schlecht, weil ihre Hunde noch nicht so weit sind wie andere, hier bedarf es einer guten Einwirkung durch den Trainer. Der Trainer muss sehr flexibel sein und die Aufgaben kurzfristig ändern und anpassen können, um alle Teilnehmer zufriedenzustellen und weiterzubringen.

Welche Hilfsmittel werden benötigt?

Welches Zubehör Sie für den Kurs benötigen, ist von Ihren persönlichen Vorlieben, vor allem aber vom Thema abhängig. Manche Trainer verzichten auf allen unnötigen Schnickschnack, andere arbeiten sehr gerne mit Pylonen, Markierungshütchen und Ähnlichem. Für ein Grundgehorsamstraining, in dem die Signale Sitz, Platz, Bleib und Leinenführigkeit trainiert werden, benötigen Sie kaum Utensilien. Hilfreich sind eventuell Pylonen und Gegenstände zur Ablenkung der Hunde, wie Bälle, Quietschies und Reizangel. Für einen Welpenkurs benötigen Sie weitaus mehr, angefangen bei verschiedenen Untergründen, Balanciermöglichkeiten, bis hin zu Gegenständen zum Erkunden und Ausprobieren.

Welche Hilfsmittel Sie brauchen, ergibt sich eigentlich von selbst, wenn Sie das Konzept für den Kurs erarbeiten. Mit dem Aufschreiben der einzelnen Übungen wird meistens auch klar, welche Utensilien von Nutzen sind. Einige grundlegende Gegenstände sollte jeder Trainer haben, da sie für viele unterschiedliche Themenbereiche eine Hilfe sind. Dazu gehören:

- Pylonen
- Markierungshütchen
- Gegenstände/Spielzeuge zur Ablenkung
- Unterschiedliche Apportel/Dummys
- Reizangel
- Cavalettis/Bodenstangen

Markierungshütchen lassen sich vielfältig im Training einsetzen.

Wie viele Teilnehmer können mitmachen?

Fünf, zehn, fünfzehn Teilnehmer? Auch hier gibt es keine pauschale Angabe. Sind Sie alleiniger Trainer des Kurses und die Teilnehmer alle Hundeneulinge, ist eine sehr kleine Gruppe von drei bis fünf Teilnehmern ratsam. Arbeiten Sie mit Mensch-Hund-Teams, die Sie schon länger kennen, eventuell auf die Begleithundeprüfung hin, kann es von Vorteil sein, wenn die Gruppe etwas größer ist, da die Teams sich gegenseitig für das Training, zum Beispiel zur Ablenkung, nutzen können. Ist ein zweiter Trainer anwesend, der unterstützt, kann die Gruppe ebenfalls größer sein, als wenn Sie alleine sind. Vorteile von kleinen Gruppen sind hingegen, dass die Teilnehmer besser gefördert werden können als in großen

Machen Sie sich bei der Planung des Kurses auch Gedanken darüber, welche Voraussetzungen die Hunde mitbringen müssen.

Gruppen. Die Trainingszeit ist effektiver und der Trainer kann intensiver auf Anliegen und Fragestellungen eingehen.

Wo soll der Kurs stattfinden?

Hundeplatz, Trainingshalle, Stadt, Land, Strand – Hundetraining kann grundsätzlich überall stattfinden. Generell gilt jedoch, dass Hunde, die neue Dinge lernen, dies am besten ohne große Ablenkung tun. Je nach Ausbildungslevel kann die Ablenkung dann gesteigert werden. Daher ist ein Training von Sitz, Platz, Fuß auf dem Hundeplatz zunächst effektiver, der Hund kann sich besser konzentrieren und mitarbeiten.

Haben Sie keinen Hundeplatz, können Sie alternativ auch in Feld und Flur trainieren, wo keine oder nur wenig Umweltreize zu erwarten sind. Suchen Sie hierfür immer dieselbe Wiese oder denselben Wald auf, ist dies für die Hunde bald genauso wenig ablenkend wie ein Hundeplatz.

Ist das Gelernte gut abrufbar, kann die Ablenkung stärker werden und man darf neue Trainingsstätten aufsuchen. Hierzu eignen sich am besten Orte, an denen das Gelernte auch in Zukunft zuverlässig ausgeführt werden soll. Ein Gang durch die Stadt, ein Training im Stadtpark oder ein Besuch im Zoo sind nicht nur für die Hunde eine willkommene Abwechslung und Herausforderung.

Welche Voraussetzungen müssen die Hunde haben?

„Mein Hund bellt, wenn ihm langweilig wird, kann ich trotzdem teilnehmen?“ „Bjarne ist nicht mit jedem Hund verträglich, ist der Kurs da trotzdem passend?“ Bevor Sie einen Kurs anbieten, machen Sie sich Gedanken, welche Zielgruppe Sie erreichen wollen und welche Hunde tatsächlich geeignet sind. Grundsätzlich sollte jeder Hund die Chance haben, einen bestimmten Kurs besuchen zu können. Ist dadurch aber das Trainingsziel der anderen

Hunde gefährdet, ist es nicht sinnvoll, das nicht geeignete Mensch-Hund-Team teilnehmen zu lassen. Auch wenn die Teilnahme den Hund überfordern würde und die Zielerreichung unrealistisch ist, sollten Sie dies dem Hundehalter ehrlich mitteilen und nach Alternativen suchen.

Machen Sie sich vorab Gedanken, welche Hunde für den geplanten Kurs geeignet sind, um bei Anfragen vorbereitet zu sein. Hier als Fallbeispiel ein **Grundgehorsamskurs für Fortgeschrittene.**

Diese Hundehalterin absolviert eine Probestunde in einer offenen Gruppe, um festzustellen, ob der Hund für den Kurs geeignet ist.

Ziel des Kurses Nach den zehn Stunden werden die Kommandos Sitz und Platz zuverlässig auch mit Ablenkung ausgeführt. Der Hund bleibt auch in einer Entfernung von zehn Metern bei Ablenkung im Sitz und Platz. Der Hundehalter kann sich 30 Sekunden außer Sicht entfernen. Der Hund läuft an der Leine und in der Freifolge bei Fuß. Der Rückruf erfolgt auch unter Ablenkung sicher.

Ausbildungsstand des Hundes bei Beginn des Kurses Der Hund sollte die Kommandos Sitz, Platz und Bleib schon in den Grundlagen befolgen. Auch das Fußlaufen wurde schon mit und ohne Leine trainiert. Der Rückruf klappt ohne Ablenkung akzeptabel.

Kenntnisse des Hundehalters Der Hundehalter hat bereits einen Hundeschulkurs besucht und ist mit den grundlegenden Abläufen vertraut. Er ist in der Lage, auf Anweisung auch selbstständig mit dem Hund zu arbeiten. Es ist zwar selten, dass Hundehalter ohne Vorkenntnisse mit einem gut ausgebildeten Hund in die Hundeschule kommen, aber auch das gibt es, zum Beispiel nach Übernahme eines älteren Hundes, der beim Vorbesitzer schon ausgebildet wurde.

Bekommen Sie nun Anfragen zu dem entsprechenden Kurs, können Sie direkt reagieren und nach wenigen Fragen an den Hundehalter einschätzen, ob der Kurs passend ist. Halten Sie auch Alternativen bereit. Es ist mehr als unglücklich, einen potenziellen Kunden mit der Begründung ziehen zu lassen, gerade nicht den passenden Kurs zu haben. Bieten Sie Lösungen an. Ist der Kurs nicht passend, gibt es vielleicht einen anderen, in dem Hund und Halter besser aufgehoben sind.

Sind Sie unsicher, ob Hund und Halter wirklich in den Kurs passen, gibt es folgende Möglichkeiten, um zu klären, ob eine Teilnahme sinnvoll ist:

- Ausführliches Vorgespräch zur Einschätzung des Hundes
- Einzeltraining zur Einstufung des Ausbildungsstandes
- Probestunde zur Einstufung des Ausbildungsstandes in einer anderen gerade laufenden offenen Gruppe
- Teilnahme in dem gewünschten Kurs, mit der Möglichkeit zum Abbruch bei Überforderung
- Teilnahme an einem „passenderen" Kurs mit der Aussicht, den gewünschten Kurs im Anschluss besuchen zu können

Wie soll der Kurs heißen?

Manchen geht die Namensfindung ganz einfach von der Hand, andere grübeln tagelang und sind dennoch nicht sicher, ob der Kurs wirklich mit dem Titel gut dargestellt und ansprechend ist. Egal zu welcher Gruppe Sie gehören, mit den folgenden Tipps klappt es sicherlich:

Passgenaue Zielgruppenansprache Der Name des Kurses soll die Zielgruppe ansprechen, die Sie erreichen wollen. So finden die Kunden leichter zu Ihnen und wissen sich im richtigen Kurs. Gibt es mehrere Hundeschulen in Ihrer Nähe, die Welpenkurse anbieten und auch so bewerben, werden sich die meisten Kunden nicht die Mühe machen herauszufinden, was Ihr Kurs „Start ins Leben" beinhaltet. Das bedeutet auf keinen Fall, dass Sie Ihre Kurse genauso benennen sollen wie die Mitbewerber, aber der Name sollte einfach, prägnant und aussagekräftig sein.

Problembeschreibung Geben Sie dem Kurs einen Namen, der das Problem des Hundebesitzers beschreibt, kann dies anziehend wirken. Hat der potenzielle Kunde einen toben-

„Leinenrambo" ist eine problemorientierte Benennung des Leinenführigkeitskurses. So soll es bald nicht mehr aussehen.

den Leinenrüpel, der beim Spaziergang die anderen Hundebesitzer die Straßenseite wechseln lässt, fühlt dieser sich wahrscheinlich direkt angesprochen, wenn er den Kursnamen „Training für Leinenrambos" liest. Sie können also die Problemlage des Hundehalters in den Kursnamen aufnehmen. „Raufergruppe", „Training für Leinenrambos" und „Anti-Jagdtraining" sind nur ein paar Beispiele.

Lösungsbeschreibung Das genaue Gegenteil der Problembeschreibung ist ein Titel, der die Lösung beschreibt, also das Wunschergebnis des Hundehalters. So können Sie dem Kunden im Kurstitel schon zeigen, dass Sie für seine Sorgen eine Lösung haben. Der gleiche Kunde mit dem Leinenrüpel könnte sich ebenso angesprochen fühlen, wenn er die Werbung für Ihren Kurs „An lockerer Leine" sieht. Weitere Kurse könnten Sie somit „Zuverlässiger Grundgehorsam", „Sicherer Rückruf" oder „Social-Training" nennen.

„Entspannt an der Leine" ist eine lösungsorientierte Benennung des Leinenführigkeitskurses. So soll es einmal aussehen.

Für welche Art der Namensgebung Sie sich letztendlich entscheiden, hängt davon ab, womit Sie sich wohler fühlen. Am besten ist es, sich mehrere Namen zu überlegen, aufzuschreiben und sie auch mal laut auszusprechen oder im Hundetrainerteam bzw. Familien- oder Freundeskreis zu besprechen.

Wann soll der Kurs starten?

Nächste Woche? Nächsten Monat? Nach den Sommerferien oder im neuen Jahr? Dienstagnachmittag oder Samstagvormittag? Den richtigen Zeitpunkt für einen Kurs zu finden, ist manchmal nicht einfach. Bieten Sie feste Kurse, die schon jahrelang laufen, haben diese Kurse wahrscheinlich auch schon einen festen Platz in Ihrem Kalender. Möchten Sie nun einen Kurs, der gut läuft, noch mit einer zweiten Gruppe starten lassen, weil die Nachfrage so groß ist, können Sie zuvor eine kleine Umfrage machen, welcher Tag und welche Uhrzeit allen am besten passt. Sie werden aber nicht alle unter einen Hut bringen können, was zu Unstimmigkeiten führen kann. Sie können sich auch zwei mögliche Termine überlegen und darüber abstimmen lassen, um die Terminfindung zu vereinfachen.

Starten Sie mit einem neuen Kurs, den Sie bisher noch nicht anbieten, gibt es unterschiedliche Vorgehensweisen. Im besten Fall haben Sie schon genügend Interessenten durch mündliche Werbung auf dem Hundeplatz und können innerhalb von wenigen Wochen starten. Haben Sie noch keine Interessenten, lassen Sie sich bis zum Start genügend Zeit, um Werbung zu machen. Eine genaue Zeitangabe ist schwierig festzulegen, da diese davon abhängig ist, wie viele aktive Kunden Sie haben, wie die Hundedichte regional ist und wie viele Mitbewerber ähnliche Kurse anbieten. Sie sollten aber schon mit zwei bis drei Monaten Vorlauf rechnen.

Beachten Sie auch die Schulferien bei Ihrer Planung. Um Kinderkurse anzubieten, sind sie perfekt geeignet, aber andere Kurse sind gerade in den Sommerferien häufig schlechter gebucht, da viele im Urlaub sind und keinen Verlust durch nicht besuchte Stunden erleiden möchten.

Auch das Frühjahr bietet sich an, um neue Kurse starten zu lassen. Natürlich müssen Hundebesitzer auch im Winter mit dem Hund vor die Tür, aber Training macht mehr Spaß, wenn es etwas wärmer ist.

Eine angelegte Kursstatistik über das Jahr betrachtet bringt den besten Aufschluss, zu welchen Jahreszeiten und an welchen Tagen die Teilnehmerbereitschaft am größten ist.

Vor dem Training

Bitten Sie alle Teilnehmer, mindestens zehn Minuten vor Unterrichtsbeginn da zu sein. So vermeidet man die Hektik, wenn die Hunde schnell vom Auto zum Platz gezerrt werden, und der Einstieg ins Training verläuft stressfreier. Außerdem ist es doch auch ganz nett, vorher noch kurz ein Pläuschchen zu halten.

Neue Kunden integrieren

Kommen neue Hundehalter zum Training dazu, stellen Sie diese kurz vor, damit jeder weiß, mit wem er es zu tun hat. Das ist höflicher und erleichtert dem neuen Kunden den Einstieg. Klären Sie den Hundehalter über eventuell bestehende Platzregeln (Handy, Rauchen usw.) auf. Damit die Hunde sich ebenfalls leichter integrieren, können Sie eine einfache Startübung wie das Slalomlaufen durch eine Gruppe anbieten.

Übersicht über den Ablauf der Stunde geben

Auch wenn das Kursziel klar ist, geben Sie vor jeder Stunde einen Überblick über das, was für die Stunde geplant ist. So kann sich jeder innerlich darauf vorbereiten und hat ein besseres Gefühl, als nur von Übung zu Übung angeleitet zu werden.

Wohlfühlatmosphäre schaffen

Beginnen Sie jede Stunde so, dass die Teilnehmer und Hunde einen leichten Einstieg haben. Sie können zum Beispiel Übungen der letzten Stunde wiederholen, so ist der Anfang für alle einfach und die Motivation, neue und schwierigere Übungen zu bewältigen, ist hergestellt. Wählen Sie keine Übungen, die eine hohe Aufmerksamkeit vom Hund verlangen, zu Beginn der Stunde müssen sich viele Hunde erst an die Trainingssituation gewöhnen.

Ein weiterer Einstieg ins Training kann auch eine kombinierte Übung sein. Das kann so aussehen, dass sich jeder Hundehalter eine Übung aussucht, diese vormacht und im Anschluss kurz erzählt, was seit dem letzten Training zu Hause besonders gut geklappt hat. Sie können auch Kärtchen mit kleinen Aufgaben verteilen und nach Erledigung der Aufgaben darf jeder Teilnehmer sagen, an was er während der Stunde besonders arbeiten möchte. So sind Sie vor dem richtigen Start schon einmal mit allen Kunden kurz im Gespräch gewesen.

Das Training

Je nach Thema des Kurses können Sie nach der Aufwärmrunde mit den neuen und aufbauenden Übungen starten. Ich gehe hier gerne nach der Vier-Stufen-Methode (Kapitel „Gesprächsarten ...“) vor. Eine neue Übung wird durch den Trainer erklärt und vorgemacht. Die Teilnehmer stellen sich im Halbkreis um Sie herum. So kann jeder gut zusehen und hören, was Sie sagen. Im Anschluss probiert jeder Teilnehmer einzeln mit seinem Hund die Aufgabe. Achten Sie darauf, dass dies keinen Vorführcharakter bekommt. Gerade schüchterne Kunden mögen diese Situation vielleicht nicht. Deswegen ist es wichtig, auch schon kleine Erfolge zu loben, damit die Teilnehmer sich wohlfühlen.

Hat jeder Kunde die Übung einmal einzeln ausprobiert und sind keine Fragen oder Unklarheiten mehr vorhanden, können sich die Teams auf dem Platz verteilen und das Gelernte festigen. Gehen Sie nacheinander zu den Teams und behalten alle im Auge, damit Sie bei Problemen eingreifen und mit Tipps weiter unterstützen können.

Damit das Training nicht eintönig wird, können Sie zwischen Einzel- und Gruppenübungen variieren. Auch kleine Spiele und Wettkämpfe lockern die Einheiten auf und sind bei den Kunden gerne gesehen. Merken Sie, dass sich die Hunde nicht mehr konzentrieren können, machen Sie ruhig eine kurze Pause von drei bis fünf Minuten. In dieser Zeit kann sich jeder Hundehalter mit seinem Hund beschäftigen, wie er möchte. Auf den

Die Hundehalterin macht während der Trainingspause ein Renn- und Tobespiel mit ihrer Hündin.

Boden setzen und kuscheln, den Platz zum Lösen kurz verlassen oder ein kleines Suchspiel – was dem Hund gefällt und guttut, weiß jeder Hundehalter selbst am besten.

Zum Ende des Trainings gehen Sie dazu über, leichtere Aufgaben zu stellen. Hund und Halter sind nicht mehr so aufnahmefähig und ein positiver Abschluss ist wichtiger, als auf Biegen und Brechen eine schwierige Übung meistern zu wollen. Wer mit einem guten Gefühl den Platz verlässt, kommt zur nächsten Stunde motivierter wieder.

Unvorbereitet?

Keine Zeit gehabt, die Stunde vorzubereiten, oder es vergessen? Oder perfekt vorbereitet und den Ablaufplan zu Hause liegen lassen? Unvorbereitet in den Unterricht? Es sollte nicht passieren, aber es kann passieren. Also Augen zu und durch.

Es gibt zwei gute Möglichkeiten, die Stunde durchzuführen, ohne ins Trudeln zu geraten. Die erste Möglichkeit ist, die Wahrheit zu sagen: „Ich habe es leider völlig verschwitzt, die Stunde vorzubereiten. Wir machen das heute aus dem Kopf, das klappt auch. Als Entschädigung bringe ich nächste Woche Gummibärchen mit.“ Ehrlichkeit kommt immer besser an. Niemand wird Ihnen böse sein, wenn Sie zugeben, es vergessen zu haben. Geraten Sie nun ins Trudeln, wissen die Teilnehmer, woran das liegt. Die zweite Möglichkeit ist, es nicht zu sagen und mit einigen Aufwärmübungen aus der letzten Stunde zu beginnen. Im Anschluss darf jeder Teilnehmer einzeln vorführen, welche Aufgabe aus dem Kurs sein Hund besonders gut meistert. Im Anschluss machen die anderen Teilnehmer die Übung ebenfalls. Bei fünf bis sechs Teilnehmern können Sie die Stunde so problemlos überbrücken.

Die Hausaufgabe

Es ist wohl jedem Hundehalter bewusst, dass nur das Training auf dem Platz nicht ausreicht und auch zu Hause weiter geübt werden muss, um das Trainingsziel zu erreichen. Damit die Hundehalter dies auch wirklich tun, geben Sie kleine Hausaufgaben mit auf den Weg. Zum Ende der Stunde könnten Sie also sagen: „So, wir kommen zum Ende. Bis zur nächsten Woche trainiert bitte jeder das Platz auf Entfernung, so wie wir es heute begonnen haben.“

Individueller und gleichzeitig auch verbindlicher ist es jedoch, wenn Sie jeden Teilnehmer kurz persönlich ansprechen und eine Aufgabe verteilen. „Susanne, ihr macht das schon super. Versuche beim Training zu Hause, die Distanz nicht größer als fünf Meter zu machen, damit Cleo sicher liegen bleibt und nicht aufspringt.“ „Michaela, Benno ist immer in der Erwartung, abgerufen zu werden, ruf ihn mal ein paar Tage nicht aus dem Platz ab, sondern gehe immer zu ihm zurück, damit er ruhiger wird und nicht zwischendurch zu dir spurtet.“ Die Teilnehmer haben so das Gefühl, dass Sie keine „Fließbandarbeit“ machen und trotz der Gruppe auf jeden persönlich eingehen.

Nicht nur Kinder, auch Erwachsene wollen zeigen, wie erfolgreich sie zu Hause trainiert haben. Beginnen Sie also die nächste Stunde nach einer kurzen Aufwärmübung ruhig direkt mit der Hausaufgabe, das motiviert und lässt die Teilnehmer auch die restliche Stunde aufgeschlossen mitarbeiten.

Prüfungen

Egal ob die Teilnehmer für die Begleithundeprüfung trainieren und später an Turnieren teilnehmen möchten oder „nur“ aus Spaß an der Sache trainieren, um den Hund zu beschäftigen – es ist anspornend, auf ein Ziel hinzuarbeiten und zum Abschluss des Kurses eine kleine Prüfung zu absolvieren. Die Hundehalter sind aufmerksamer und mehr bei der Sache. Zusätzlich werden die Gruppendynamik und der Gemeinschaftssinn gefördert.

Warum etwas erfinden, was es schon gibt? Schließlich kann jeder eine Begleithundeprüfung oder Ähnliches ablegen? Nun, weil kleine Erfolge nach einem Kurs effektiver sind als das große Ziel in der Ferne. In der Schule gibt es auch nach jedem Halbjahr ein Zeugnis und nicht erst zum Abitur.

Wie und in welchem Umfang Sie Prüfungen anbieten, bleibt Ihnen, Ihrer Kreativität und Ihrem Zeitmanagement überlassen. Hier ein paar Anregungen. Haben Sie feste Kurse und Gruppen? Dann können Sie sich für die letzte Stunde einen Mix aus Aufgaben und Übungen überlegen, die dem Kursziel entsprechen. Trainieren Sie in offenen Gruppen ohne Enddatum, überlegen Sie sich Prüfungen mit zwei bis drei unterschiedlichen Schwierigkeitsgraden, die nacheinander absolviert werden können. Informieren Sie die Kunden über diese Möglichkeiten, sodass diese sich melden können, wenn sie sich fit genug dafür fühlen. Die Prüfungen können Sie dann entweder gesammelt zu einem avisierten Termin absolvieren (Gruppengefühl) oder jeder legt sie einzeln ab, wenn er so weit ist. Organisieren Sie einen Gruppentermin, kann es im Anschluss noch ein nettes Beisammensein bei Kaffee und Keks geben.

Ein Zertifikat oder eine Urkunde ist schnell angefertigt. Hierzu eignet sich etwas festeres Papier aus einem Schreibwarengeschäft.
Es sollte enthalten:

- Überschrift: Zertifikat/Urkunde
- Kursname
- Name des Besitzers und des Hundes
- Kursdauer (von bis)
- Kursinhalte
- Datum, Ort, Unterschrift, Hundeschulstempel

Kinder unterrichten

Einen Kinderkurs zu leiten ist Spaß, Chance und Herausforderung zugleich. Kinderkurse sind eine gute Möglichkeit, schon den Kleinsten den richtigen Umgang mit Hunden beizubringen. Sie lernen, die Hundesprache zu verstehen, und gleichzeitig auch, wie sie mit ihrem besten Freund kommunizieren und spielen können. Konflikte werden so vermieden und das Zusammenleben verläuft harmonischer.

Die Planung eines Kinderkurses ist eine große Herausforderung. Schon in den Kursen für Erwachsene schweift man häufig mal vom Thema ab und bespricht etwas ganz anderes, als geplant war – bei Kinderkursen ist das noch viel häufiger der Fall. Und das ist auch gut so. Kinder sind keine kleinen Erwachsenen. Mit ihren jungen Jahren haben sie schon eine Menge Pflichten, Vorgaben, Regeln und häufig einen vollen Terminkalender. Damit das Hundetraining effektiv und nachhaltig ist und die Kinder auch gerne zum Unterricht kommen, lassen Sie sie mitentscheiden.

Ich habe mir vor meinem ersten Kinderkurs sehr sehr lange Gedanken gemacht, ein Konzept geschrieben und bei Kindern und

Kinder unterrichten ist Spaß und Herausforderung gleichzeitig.

Kinder sind stolz, wenn sie zeigen dürfen, was ihre Hunde schon können.

Eltern im Freundeskreis gefragt, welche Themen sie interessant finden. Dann endlich, nach Wochen der Planung, war mein Konzept fertig. Die erste Stunde stand an, die Kinder stiegen aus dem Auto ... und alles kam anders.

Ein Einstieg nach Plan war fast gar nicht möglich. Die Kinder waren so wissbegierig, dass sofort unzählige Fragen aus ihnen heraussprudelten. Die ersten 30 Minuten haben wir im Kreis auf dem Boden sitzend verbracht und Fragen beantwortet. Die nächsten 30 Minuten wollten die Kinder gerne zeigen, was ihre Hunde schon können, und führten Tricks vor.

Schon war die erste Stunde vorbei und ich hatte so gut wie nichts von meinem lange ausgearbeiteten Konzept besprochen. Die Kinder saßen glücklich wieder im Auto auf dem Weg nach Hause. Einige Mütter schrieben mir abends noch eine Nachricht, wie begeistert die Kinder von der ersten Stunde erzählen würden. Dabei hatte ich nichts weiter gemacht als Fragen beantwortet und mir ihre Tricks angeschaut.

Ich setzte mich also an mein Konzept und schrieb ganz dick oben drüber: „Kinder aktiv mitgestalten lassen!"

Worauf in einem Kinderkurs noch geachtet werden muss und wie er sich von Erwachsenenkursen unterscheidet, betrachten wir in diesem Kapitel.

Unterrichtsmethoden

Damit die Kinder im Unterricht aufmerksam bei der Sache bleiben und aktiv mitmachen, ohne sich mit anderen Dingen zu beschäftigen, sollten Sie sich im Vorfeld eine gute Strategie für den Kurs zurechtlegen und überlegen, welche Lehrmethoden Sie anwenden wollen. Hierbei sollte bedacht werden, dass die Kinder schon den ganzen Vormittag und häufig auch bis zum Nachmittag in der Schule stillsitzen müssen. Vielleicht haben sie zu Hause nur eine kurze Pause gemacht, bevor es schon wieder zum Hundeplatz losgeht.

Den Unterricht direkt mit einer Theorieeinheit zu starten, ist da eher kontraproduktiv. Beginnen Sie jedoch mit einem lustigen Bewegungsspiel oder einer Mitmachgeschichte, können sich die Kinder zuerst etwas auspowern und im Anschluss dann auch besser konzentrieren. Im Folgenden werden die Lehrmethoden vorgestellt, die sich für Kinder im Hundeschulunterricht gut eignen.

Geschicklichkeitsübung durch Fahrradreifen. Damit die Kinder ein Gefühl dafür bekommen, dürfen sie zuerst ohne Hund die Übung ausprobieren.

Im Anschluss kann die Übung dann mit Hund gemeistert werden.

Frontalunterricht

Frontalunterricht ist eine Unterrichtsform, in der eine Lehrer Wissen an eine Gruppe von Zuhörern vermittelt. Früher im Schulunterricht oder auch in Seminaren haben wir mit dieser Unterrichtsform selbst schon häufig zu tun gehabt. Frontalunterricht bedeutet aber nicht zwangsläufig, dass immer der Trainer spricht und die Kinder still zuhören. Frontalunterricht kann umgekehrt auch bedeuten, dass ein Kind etwas erklärt oder vorträgt und der Trainer und die anderen Kinder die Zuhörer sind.

Der Begriff Frontalunterricht ist häufig negativ verknüpft, weil wir damit nicht enden wollende Vorträge verbinden, die uns nicht selten fast einschlafen ließen. Richtig angewandter Frontalunterricht ist aber eine der besten Methoden, da er sehr zeitsparend ist und in kurzer Zeit viel Wissen vermittelt. Er ist den Kindern bereits aus der Schule bekannt, und wenn einige Dinge beachtet werden, wird diese Methode nicht zur Langeweilefalle. Reden Sie nicht zu lang – gerade Kinder schweifen dann schnell ab und hören nicht mehr zu. Geben Sie den Kindern die Möglichkeit, sich einzubringen – mit Fragen oder mit kleinen Geschichten, die sie zu dem gerade besprochenen Thema erzählen können.

Im Kinderkurs eignet sich Frontalunterricht am besten, um theoretische Themen wie „Kommunikation unter Hunden“, „Wie lernt mein Hund?“, „Was will mir mein Hund sagen?“ und vieles mehr zu besprechen. Er sollte jedoch in der Stunde keinen allzu großen Platz einnehmen, denn im Vordergrund stehen die gemeinsame Zeit mit dem Hund und der praktische Teil.

In der Einzelarbeit darf jedes Kind selbst entscheiden, was es gerne tun möchte. Es kann zum Beispiel ein Trick einstudiert werden.

Einzelarbeit

Einzelarbeit im Kinderkurs bedeutet, dass jedes Kind sich alleine mit einer bestimmten Aufgabe beschäftigt. Das kann zum Beispiel ein Arbeitsblatt sein, auf dem die Kinder Fragen rund um den Hund beantworten können. Einzelarbeit kann aber auch bedeuten, dass jedes Kind mit seinem Hund etwas übt, etwa ein neues Kommando, einen Trick oder durch einen Tunnel zu laufen.

Diese Unterrichtsform hat den Vorteil, dass jedes Kind an einer Aufgabe entsprechend seines Wissensstandes arbeiten kann. So kann Jill zum Beispiel üben, wie sie es am besten schafft, dass Boogie Sitz macht, während Tom und Balou trainieren, durch einen Reifen zu springen. So können alle Kinder gleichzeitig aktiv sein und jeder kommt auf seine Kosten.

Gruppenarbeit

In einer Gruppenarbeit erarbeiten die Kinder miteinander eine ihnen gestellte Aufgabe. Eine Gruppe sollte aus mindestens drei Kindern bestehen und gerade bei jüngeren Kindern nicht zu groß sein, da sonst schnell ein Kind ins Abseits gerät und sich gegenüber den größeren oder selbstbewussteren Kindern nicht durchsetzen kann. Die optimale Gruppengröße sind drei bis fünf Kinder.

Gruppenarbeit kann sowohl für den theoretischen als auch für den praktischen Unterricht gut genutzt werden. Im theoretischen Bereich können die Kinder zu den unterschiedlichsten Themen Aufgaben in der Gruppe lösen und dann vortragen. Sie können zum Beispiel gemeinsam überlegen, welche Lebensmittel Hunde fressen dürfen und welche giftig sind oder wie man sich verhält, wenn ein fremder Hund auf einen zukommt. Gemeinsam können Ideen dazu aufgeschrieben und dann von der Gruppe vorgetragen werden. Die Theorieteile kann man in Anlehnung an den Hundeführerschein oder die Sachkundeprüfung auswählen. So haben ältere Kinder schon eine gute fachliche Vorbereitung.

In der Praxis können kleine Choreografien mit den Hunden einstudiert werden. Der Ausbildungsstand und die Vorkenntnisse der Kinder und Hunde sind dafür nicht so wichtig, denn sie können auf das jeweilige Kind-Hund-Team abgestimmt werden. Gerade bei der Erarbeitung einer kleinen Choreografie müssen Sie als Trainer keine großen Vorgaben machen, die Kinder sind da sehr kreativ und mit großem Spaß bei der Sache. Hierfür lassen sich die Kommandos aus dem Grundgehorsam genauso nutzen wie Geräte aus dem Agility, ein Trick oder das Apportieren eines Dummys. Zum Highlight wird diese Choreografie, wenn sie den Eltern zum Abschluss eines Kurses vorgeführt wird.

Stationslernen

Stationslernen oder Stationsaufgaben lassen sich in etwa mit dem Zirkeltraining aus dem Sportunterricht vergleichen. Auf dem Hundeplatz werden beliebig viele verschiedene Stationen aufgebaut, an denen die Kinder mit ihrem Hund unterschiedliche Aufgaben ausprobieren und üben können. Das Stationslernen kann sowohl als Training oder Übungsaufgabe genutzt werden, aber auch als Wettkampf mit Punktevergabe. Beispiels-

Stationslernen: Die Gleichgewichtsübung auf dem Luftkissen fordert von Kind und Hund eine Menge Konzentration.

weise können Sie fünf Stationen aufbauen. An der ersten Station soll der Hund einen beliebigen Trick zeigen. An der zweiten Station soll das Kind eine Frage wie „Woran erkenne ich, dass meinem Hund etwas unangenehm ist?“ beantworten. An der dritten balancieren nacheinander der Hund und das Kind über einen Baumstamm oder Balken. An der vierten Station geht das Kind mit dem Hund um einen Fressnapf mit einem Leckerchen, ohne dass der Hund an der Leine zieht. An der fünften Station schreibt das Kind fünf Dinge auf, die der eigene Hund besonders gern mag und als Belohnung empfindet.

Der Vorteil dieses Trainings ist, dass die Kinder mit Körper und Geist gleichzeitig arbeiten. Sie bewegen sich, arbeiten an der Beziehung zu ihrem Hund und bekommen ganz nebenbei noch jede Menge theoretisches Wissen vermittelt. Jedes Kind kann an den einzelnen Stationen ohne Druck in seinem eigenen Lerntempo arbeiten.

Kindgerecht geplante Schnüffelspiele im Wald machen beiden eine Riesenfreude.

Gruppentraining

Im Regelfall gestaltet sich das Gruppentraining in dem Erwachsenenunterricht so, dass der Trainer eine Aufgabe vorgibt, die in der Gruppe dann neu erlernt oder gefestigt wird. Im Kinderunterricht gehen das Alter der Kinder, das Bildungsniveau und der Ausbildungsstand des Hundes häufig weit auseinander. Möchten Sie diese Lehrmethode anwenden, um zum Beispiel mit allen Kindern ein neues Kommando zu erlernen oder einen Trick einzustudieren, müssen Sie darauf achten, das wirklich alle Kinder folgen können und nicht überfordert sind. Es ist ratsam, im Vorfeld den Ausbildungsstand des Hundes bei den Eltern zu erfragen, damit Sie ungefähr einschätzen können, was Sie den Kindern zumuten können. Im Kinderkurs geht es auch gar nicht primär darum, dem Hund viel Neues beizubringen, sondern eher darum, den Kindern zu zeigen, wie sie die Kommandos richtig geben und Sprache und Körperhaltung richtig einsetzen.

Unterrichtsinhalte

Sind die Erwachsenenkurse häufig auf Themen ausgerichtet, die auf den Hund abgestimmt sind, dreht es sich in den Kinderkursen eher um Wissensvermittlung an die Kinder oder um das Verbringen von gemeinsamer Zeit mit dem Hund. Beim Verbringen von gemeinsamer Zeit, Spaß und Spiel sind den Inhalten keine Grenzen gesetzt. Sie können Agility-Übungen, Hoopers, Tricks und umgewandelte Kinder-

Den Unterricht mitgestalten zu dürfen, ist für die meisten Kinder eine tolle Herausforderung. Nicht selten wünschen Sie sich auch theoretische Inhalte.

spiele wie Plumssack in den Unterricht einfließen lassen. Neben Spiel und Spaß ist es aber genauso wichtig, dass die Kinder den artgerechten Umgang mit dem Hund lernen. Dazu gehören neben dem Lernverhalten und der Körpersprache des Hundes auch das richtige Geben von Kommandos und sinnvolle typgerechte Beschäftigung. Wenn dann noch Themen wie Verhalten mit dem Hund in der Öffentlichkeit, Pflege und Ernährung mit einfließen, haben Sie einen fachlich hochwertigen Kinderkurs im Angebot. Scheuen Sie sich nicht davor, Kurse mit theoretischen Teilen anzubieten. Natürlich soll der Kurs kindgerecht sein und Spiel und Spaß dürfen nicht zu kurz kommen, aber gerade Kinder haben großes Interesse daran, auch theoretisches Wissen über ihren besten Freund zu lernen, und saugen es auf wie ein Schwamm. Ein guter Nebeneffekt hierbei ist, dass häufig bei den Eltern auch noch eher altertümliches Wissen über Hunde herrscht und die Kinder die modernen Lerntheorien nach Hause tragen.

Mitgestaltung

Zu Beginn dieses Kapitels habe ich es schon einmal angesprochen: Die Mitgestaltung des Kurses durch die Kinder ist sehr wichtig für das erfolgreiche Gelingen. Jedes einzelne Kind geht mit einer bestimmten Erwartungshaltung in den Kurs. Es möchte nicht nur mit den vorgefertigten Aufgaben berieselt werden, sondern hat oft schon vor dem Kurs eigene Vorstellungen, was dort passieren soll. Vielleicht hat das Kind im Fernsehen ein Hundetraining angesehen und möchte nun auch mal probieren, ob der eigene Hund Slalom um Pylonen laufen kann, oder es hat in einem Zeitungsartikel von der Personensuche gelesen und möchte lernen, wie man dem eigenen Hund beibringt, jemanden zu suchen. Die Liste der Kinderwünsche lässt sich beliebig fortführen.

Hier einige Anregungen, wie Sie die Kinder den Kurs mitgestalten lassen können:

- Die Kinder dürfen in der ersten Stunde Themenvorschläge machen. Diese Vorschläge werden in den kommenden Stunden in einem bestimmten Zeitfenster neben Ihrem eigenen vorgefertigten Konzept aufgegriffen, besprochen und praktisch umgesetzt.
- Die Kinder dürfen zu Beginn jeder Stunde ein Spiel wählen, mit dem der Unterricht gestartet wird. Das Spiel kann aus Ihrem Repertoire sein oder ein von den Kindern selbst ausgedachtes Spiel.
- Die Kinder dürfen einen Parcours selbst gestalten und aufbauen oder eine Choreografie ausarbeiten und einüben. Diese kann zum Ende des Kurses den Eltern vorgeführt werden.
- Die Kinder überlegen sich eine Mitmachgeschichte zum Thema Hund, studieren diese ein und führen sie zum Ende des Kurses den Eltern vor.
- Jedes Kind darf einmal Trainer spielen und den anderen Kindern eine Aufgabe geben, die sie mit ihrem Hund lösen müssen.

Alter der Kinder und Gruppengröße

Neben den Unterrichtsinhalten und Lehrmethoden muss auch überlegt werden, welche Voraussetzungen die Kinder mitbringen sollen, die den Kurs besuchen, und wie groß die Gruppe sein soll.

Am einfachsten ist es, hier nach Alter und Vorkenntnissen aufzuteilen. Ist die Nachfrage groß genug für zwei Kurse, kann in zwei Altersgruppen unterteilt werden. Sechs bis neun Jahre und zehn bis vierzehn Jahre ist eine passende Unterteilung. Kinder bzw. Jugendliche, die älter sind als 14 Jahre, können nach Rücksprache mit den Eltern auch schon in die Erwachsenengruppen, sofern sie dies wollen. Jedoch sollten Sie hier nicht stur nach Alter unterteilen, sondern auch auf die individuelle Entwicklung des Kindes achten. Kinder, die ältere Geschwister haben, sind häufig schon weiter als Kinder gleichen Alters und können vielleicht auch schon in die Gruppe der älteren integriert werden.

Um eine Unter- oder Überforderung zu vermeiden, biete ich vor jedem Kurs ein Erstgespräch an. So kann man sich schon kennenlernen, Fragen beantworten und einschätzen, in welche Gruppe das Kind am besten passt. Gibt es nur eine Kindergruppe und keine Auswahlmöglichkeit, können Sie nach dem Kennenlerntermin die Inhalte besser abschätzen und den Unterricht gezielt auf die Kinder abstimmen.

Mit welcher Anzahl an Kindern Sie einen Kurs abhalten wollen, hängt wie in den Erwachsenenkursen auch davon ab, ob Sie alleine mit den Kindern sind oder noch einen zweiten Trainer zur Unterstützung an Bord haben. Sind Sie alleine, sind vier bis fünf Kinder eine optimale Gruppengröße, mit zwei Trainern können es auch sechs bis acht sein.

Der Vorteil einer kleinen Gruppe und einem Trainer ist, dass die Kinder schneller warm werden und sich in der kleinen Runde auch eher trauen, Fragen zu stellen. Der Vorteil einer größeren Gruppe mit zwei Trainern besteht darin, dass man sie bei Bedarf auch schnell in zwei kleine Gruppen teilen kann oder sich einer der Trainer bei Problemen auch mal kurzzeitig nur mit einem Kind individuell beschäftigt.

Die Eltern

Bei der Planung eines Kinderkurses steht zwangsläufig immer die Frage im Raum: Sollen die Eltern dabei sein oder nicht? Die Meinungen und Gründe gehen hier sehr weit auseinander und letztendlich gibt es kein Richtig oder Falsch. Vielmehr sollten Sie sich als Trainer überlegen, welche Handhabung zu Ihrem Konzept am besten passt und mit welcher Lösung Sie sich am besten fühlen. Eventuell ergibt sich auch ein Mix: Die Mutter der schüchternen Johanna bleibt dabei und die Mutter von Julius fährt nach Hause, weil er die Stunde alleine meistern möchte.

Hier einige Abwägungen, die Ihnen bei der Entscheidung helfen können:

Die Eltern bleiben dabei

Vorteile
- Schüchterne Kinder fühlen sich sicherer, wenn die Eltern in der Nähe sind.
- Bei Problemen sind die Eltern sofort zur Stelle.
- Die Eltern können unterstützen, indem sie zum Beispiel den Hund übernehmen, wenn ein Theorieteil ansteht.
- Die Unterrichtsinhalte werden gleichzeitig auch den Eltern vermittelt. So lernen sie selbst noch dazu und können den Kindern zu Hause auftauchende Fragen besser beantworten.

Nachteile
- Die Kinder könnten gehemmt sein, wenn die Eltern zuschauen.
- Es besteht die Gefahr, dass die Eltern sich einmischen und das Kind dadurch verunsichern.

Die Eltern bleiben nicht dabei

Vorteile
- Die Kinder bekommen das Gefühl, alleine etwas geschafft zu haben, und können im Anschluss stolz davon berichten.
- Die Eltern können sich nicht in den Unterricht einmischen.

Nachteile
- Der Trainer ist die ganze Stunde für Kind und Hund zuständig. Der Hund kann nicht bei den Eltern „geparkt“ werden, wenn ein Theorieteil ohne Hund ansteht.
- Lerninhalte, die den Kindern vermittelt werden, bekommen die Eltern nicht mit und können zu Hause auftauchende Fragen eventuell nicht beantworten.
- Kinder, die leicht fremdeln, sind möglicherweise gehemmter, wenn die Eltern nicht in der Nähe sind.
- Bei auftauchenden Problemen sind die Eltern nicht direkt zur Stelle.

Der Hund

Im Kinderunterricht geht es hauptsächlich darum, dem Kind Wissen über Hunde zu vermitteln und es eine schöne Zeit mit dem Hund verbringen zu lassen. In den meisten Fällen harmoniert das Kind-Hund-Team auch sehr gut. Dennoch gilt es ein paar Dinge zu beachten und im Vorfeld mit den Eltern zu klären, bevor Kind und Hund mit dem Kurs starten.

Passt der Hund proportional zu dem Kind? Ist das Kind dem Hund körperlich gewachsen und kann ihn beherrschen, auch wenn andere Kinder und Hunde auf dem Platz sind oder eine Katze am Zaun entlangschleicht? Manchmal sind Eltern der Überzeugung, das Kind lerne dies ja schließlich im Kurs. Das ist auch teilweise richtig, aber auch der beste Trainer

Hunde, die am Kinderkurs teilnehmen, müssen einige Voraussetzungen erfüllen, damit der Kurs problemlos verlaufen kann.

kann einem sechsjährigen zierlichen Mädchen nicht beibringen, wie es einen 30 Kilogramm schweren Labrador festhalten soll, wenn der durchstartet. Daher sollte im Erstgespräch auch geklärt werden, wie Hund und Kind zueinanderpassen und ob die Voraussetzungen für ein gemeinsames Training gegeben sind. Ist der Hund sozialverträglich? Von Kindern kann nicht verlangt werden, den Hund schon wie ein Erwachsener im Griff zu haben und vorausschauend zu handeln. Daher sollte der Hund, der das Kind zum Unterricht begleitet, mit Artgenossen verträglich sein.

Möchte das Kind unbedingt teilnehmen, der Hund der Familie passt aber so gar nicht zum Kind oder in die Gruppe, kann nach einer Alternative gesucht werden. (So hat sich zum Beispiel für einen meiner Kinderkurse schon mal ein Mädchen den Dackel der Nachbarn ausgeliehen.) Vielleicht besteht auch die Möglichkeit, mit dem Hund des Trainers teilzunehmen.

Beziehungen pflegen und Probleme lösen

„Reisende soll man nicht aufhalten" – diesen Satz habe ich schon häufig von Trainerkollegen gehört, wenn in sozialen Netzwerken über Hundeschulkunden diskutiert wird. Ehrlich gesagt, erschreckt mich so eine Aussage immer etwas. Natürlich gibt es die „Hundeschulhopper", die regelmäßig den Trainer wechseln und auch nicht aufzuhalten sind, dennoch liegt mir persönlich viel daran, eine langfristige und stabile Beziehung zu meinen Kunden aufzubauen und zu festigen. Das ist nicht immer einfach und bedeutet genau wie in einer Partnerschaft auch Arbeit.

Neben dem Aufbau der Kundenbeziehung ist der richtige Umgang mit Kritik und Beschwerden von großer Wichtigkeit. Unangenehme Themen anzusprechen lässt sich nicht immer vermeiden, aber mit der richtigen Strategie werden Sie gestärkt daraus hervorgehen. Dennoch ist es auch wichtig, mal „Nein" zu sagen und auf vielleicht provozierende Aussagen gekonnt zu kontern.

Und zu guter Letzt gibt es manchmal Fälle, mit denen wir allein einfach nicht weiterkommen und über die wir uns mit Kollegen austauschen und beraten möchten. Die kollegiale Beratung schafft hierfür einen geeigneten Rahmen.

Nicht nur mit dem Hund muss sich der Trainer verstehen, vor allem auch zu dem Hundehalter muss er eine gute Beziehung aufbauen, damit das Training erfolgreich ist.

Aufbau und Erhalt einer guten Kundenbeziehung

Hundetraining ist nicht nur Geld gegen Leistung. Gerade im Hundetraining spielt die Kundenbeziehung eine sehr wichtige Rolle. Kommt ein Hundehalter zu Ihnen in die Welpenstunde, vertraut er Ihnen einen Hund an, den er mit Ihrer Hilfe zu einem zuverlässigen Partner ausbilden will. Ein Kunde, der sich mit der Verhaltensauffälligkeit seines Hundes an Sie wendet, muss sehr viel Persönliches von sich preisgeben und Ihnen vertrauen, damit das Training zum Erfolg führen kann. Das klappt nur, wenn es nicht nur auf der fachlichen Ebene, sondern auch auf der Beziehungsebene harmoniert.

Manchmal ist uns ein Kunde gleich auf Anhieb sympathisch und wir wissen: Das passt! Manchmal ist es aber auch so, dass wir mit einem Menschen nicht sofort auf einer Wellenlänge sind.

Als Trainer können wir eine Menge dafür tun, die Kundenbeziehung richtig aufzubauen und mit dem Hundehalter auf Augenhöhe zu sein. Auf Augenhöhe sein bedeutet, gleichwertig zu sein. Gleichwertig geschätzt und gleichwertig akzeptiert. Sie sind dem Kunden zwar fachlich überlegen, geben Anweisungen und Hilfestellung, der Hundehalter zahlt aber für diese Leistung, wodurch ein Gleichgewicht entsteht. Sie akzeptieren den Kunden, der Kunde akzeptiert Sie. Mit dem gegenseitigen Einverständnis zueinander schaffen Sie eine grundlegende Basis für ein erfolgreiches Training.

Was können Sie als Trainer tun, damit eine gute Beziehung entsteht und bleibt?

Vertrauen schaffen

Vertrauen ist die wichtigste Basis für gute Zusammenarbeit. Zeigen Sie dem Kunden von Beginn an, dass er Ihnen vertrauen kann, indem Sie alle Problematiken im Umgang mit dem Hund ernst nehmen und auf keinen Fall belächeln. Im Training Anvertrautes bleibt auf dem Hundeplatz. Es wird nicht in der Gruppe oder beim nächsten Vereinsstammtisch ausgeplaudert.

Fachliche Kompetenz

Fachliche Kompetenz überzeugt. Der Kunde fühlt sich kompetent beraten und gut aufgehoben. Allerdings ist es auch in Ordnung, mal zuzugeben, etwas nicht zu wissen. Sie können anbieten, es zu recherchieren und die Informationen nachzuliefern.

Strukturiertes und abwechslungsreiches Training

Gut vorbereitet sein, einen klaren Ablauf haben und Abwechslung im Unterricht – so gewinnen und binden Sie Kunden langfristig an Ihre Hundeschule. Wer sich gut aufgehoben fühlt und wer nicht wöchentlich mit immer gleichen Übungen gelangweilt wird, der bleibt.

Fördern und fordern

Sie fördern Ihre Kunden durch Wissensvermittlung, kompetente Anleitung und Begleitung im Training und legen somit die bestmögliche Grundlage für eine gute Beziehung zwischen Mensch und Hund. Gleichzeitig dürfen Sie Ihre Kunden im Training auch mal herausfordern und Übungen probieren, die sich die Kunden vielleicht noch nicht zutrauen. Mit der richtigen Motivation und Einstellung klappt es meistens doch. Sie fördern so das Selbstvertrauen des Kunden und gleichzeitig das Vertrauen in Sie als Trainer.

Positive Grundhaltung gegenüber dem Kunden

So sehr wir uns auch bemühen, wir können nicht alle Menschen mögen, und sicherlich wird mal ein Kunde zu Ihnen in die Hundeschule kommen, den Sie nicht besonders gut leiden können. Wenn es für die Antipathie keinen konkreten Grund gibt, versuchen Sie, professionell zu bleiben und es sich nicht anmerken zu lassen. Stellen Sie das in den Vordergrund, was der Kunde gut macht, und loben Sie dies ehrlich. Künstliches Verhalten fällt auf und der Hundehalter ist eventuell verunsichert.

Freude an der Arbeit

Wer montags schon die Tage bis zum Wochenende zählt, hat sich wohl den falschen Beruf ausgesucht. Das merken die Kunden. Andersrum merken die Kunden auch, wenn Sie wirklich mit dem Herzen dabei sind und Freude haben an dem, was Sie tun. Merken Sie, dass Ihnen bestimmte Bereiche keine Freude mehr machen, sollten Sie Ihr Hundeschulkonzept vielleicht verändern oder diese Kurse an andere Trainer abgeben, eine Zeit lang aussetzen oder mit neuen Ideen und Übungen aufpeppen.

Nicht nur Trainer, auch Privatperson sein

Im täglichen Trainingsablauf erfahren Sie eine ganze Menge Privates von Ihren Kunden. Häufig ist das alleine schon deswegen notwendig, um am Verhalten des Hundes arbeiten zu

Fördern und fordern – die Übungen dürfen auch mal anspruchsvoller sein. Das stärkt das Selbstvertrauen.

können. Der Kunde hingegen lernt Sie als Hundetrainer kennen und erfährt eher wenig Persönliches von Ihnen. Um eine gute Beziehung herzustellen – wenn auch nur beruflich –, lassen Sie zwischendurch auch mal private Einblicke zu. Sie müssen nicht ausführlich von der letzten Familienfeier oder der Hausrenovierung erzählen, aber hier und da mal etwas Privates zu erwähnen, stärkt die Beziehung und macht Sie nahbarer.

Vielleicht fragen Sie sich jetzt, was der Kunde tut, um eine gute Beziehung zum Trainer aufzubauen. Er muss gar nicht viel tun.

Wenn Sie die oben genannten Punkte berücksichtigen, wird sich der Kunde anpassen und Ihr Verhalten spiegeln.

Kundenbeziehungen pflegen

Schaut man sich in der Werbewelt etwas intensiver um, stellt man fest, dass großer Wert auf Neukundengewinnung gelegt wird. Neue Kunden werden mit Geschenken und Vergünstigungen gelockt, es werden Bonuszahlungen ausgeschüttet, wenn man den Anbieter wechselt. Als langjähriger Kunde fühlt man sich da etwas auf den Schlips getreten, wenn man bei einer Vertragsverlängerung nicht mal ein Dankeschön bekommt. Würden wir mit unseren Kunden so umgehen, wären es wohl die längste Zeit unsere Kunden gewesen.

Was können wir tun, damit nicht nur neue Hundehalter den Weg zu uns finden, sondern sich die treuen Kunden ebenso wohlfühlen? Eine gute Kundenbeziehung ist die Grundlage, denn nur wenn der Kunde sich fachlich und persönlich gut betreut fühlt, wird er bleiben, unabhängig davon, was Sie ihm sonst noch bieten. Ist diese Grundlage geschaffen, gilt es sie zu pflegen.

Informationen weitergeben

Eine gute Möglichkeit, bei Ihren Kunden im Gespräch zu bleiben und nicht in Vergessenheit zu geraten – auch wenn sie gerade keinen Kurs bei Ihnen besuchen –, sind Newsletter. So können Sie Ihre Kunden regelmäßig über alle wichtigen Themen informieren. Dieser kostenlose Service wird gerne angenommen und ist auch für Sie kein allzu großer Aufwand. Seien Sie abwechslungsreich in Ihren Beiträgen und schwimmen Sie nicht mit dem Strom. Es gibt Themen, die zu bestimmten Jahreszeiten in allen Hundemedien auftauchen. Versuchen Sie kreativ zu sein und nicht den neunundneunzigsten Newsletter zum Thema Pfotenschutz im Winter zu schreiben. Natürlich ist das wichtig, aber wie viele Berichte haben Sie und Ihre Kunden dazu wohl schon gelesen? Schreiben Sie stattdessen von schönen Winteraktionen, die Ihre Kunden mit dem Hund unternehmen können: eine Winterwanderung, Beschäftigung für den Hund im Schnee oder Bratapfelkekse für Hunde backen – es gibt genügend Themen. Ganz nebenbei können Sie dann auch noch in einem Satz auf die Pfotenpflege hinweisen.

Ob Sie die Newsletter monatlich, wöchentlich oder ohne einen bestimmten Rhythmus versenden, liegt an Ihnen und Ihren zeitlichen Ressourcen. Auch ob Sie ihn lieber als E-Mail versenden oder auf Ihrer Homepage online stellen, ist Ihnen überlassen. Für die älteren Kunden, die nicht über E-Mail und Internet verfügen, können Sie den ausgedruckten Newsletter an die Pinnwand hängen oder zum Mitnehmen auslegen.

Neben dem Newsletter sind weitere Informationen zu den unterschiedlichsten Themen beliebt. Teilen Sie wichtige Informationen, egal ob lokal oder überregional, regelmäßig auf Ihrer Homepage oder auf Social-Media-Plattformen wie Facebook, Twitter usw. Wenn Ihre Kunden wissen, wo sie immer gut informiert werden, werden sie sich auch mit anderen Sorgen oder Trainingsbedarf an Sie wenden.

Werbegeschenke

Kleine Geschenke erhalten die Freundschaft – ebenso erfreuen sie auch Ihre Kunden. Möchten Sie sich für die Treue bedanken oder ein Geschenk zu einem anderen besonderen

Anlass machen? Tun Sie dies mit kleinen Werbegeschenken, auf denen Ihr Firmenname steht. Hierzu finden sich vielfältige Angebote mit unterschiedlichem Preisniveau im Internet. Sie werden sehen, wie gut die kleine Aufmerksamkeit ankommt. Psychologisch betrachtet haben kleine Geschenke eine hohe Bedeutung. Der Kunde merkt, dass Sie an ihn denken und ihn wertschätzen. Wo man sich wohlfühlt, da bleibt man.

Interesse zeigen

Sie sind Unternehmer und natürlich geht es beim Hundetraining um Ihr Business, Ihre Arbeit und Ihre Einkünfte. Es ist aber nicht mit dem Verkauf irgendeiner Ware zu vergleichen, denn Hundetraining ist persönlich und immer nah am Menschen. Wer als Hundetrainer nur seine Kurse und Seminare verkaufen will und kein Interesse am Menschen zeigt, wird es schwer haben. Auch wenn die Zeit im Trainingsalltag manchmal knapp ist, zeigen Sie Interesse: „Wie war der erste Urlaub mit dem Hund?“ „Hat der Kindergeburtstag letzte Woche ohne Zwischenfälle geklappt und gräbt Lucy immer noch die Blumen im Garten aus?“ Greifen Sie auch mal zum Telefonhörer und fragen nach, wie das Training des Kunden klappt, der vor vier Wochen ein Tagesseminar bei Ihnen besucht hat. Häufig ergeben sich aus diesen Telefonaten Anschlussaufträge, und wenn nicht, haben Sie sich auf jeden Fall wieder ins Gedächtnis gerufen. Interesse am Kunden zeigen bedeutet auch, ein offenes Ohr zu haben, wenn der Hundehalter außerhalb der Trainingsstunden eine Frage oder ein Anliegen hat.

Cross-Selling, Up-Selling

Lassen Sie keine Langeweile und vor allem keinen öden Alltagstrott aufkommen. Zeigen Sie Ihrem Kunden, dass Sie sich Gedanken machen über seine Ansprüche und das Trainingsniveau des Hundes. Bieten Sie dem Kunden auch mal gezielt Kurse zu anderen Themen an. Häufig schauen die Kunden nicht von alleine nach weiteren Kursen, wenn sie erst mal in einem „verankert“ sind. Auch der Wechsel in eine Gruppe mit höheren Anforderungen kann Kunden wieder neu motivieren, gleichzeitig zeigen Sie dem Kunden Ihr Interesse an ihm.

Rabattkarten

Rabatt- oder Bonuskarten sind eine gute Möglichkeit der Kundenbindung. Rabatt bedeutet, es gibt etwas günstiger. Bekommen wir einen Bonus, gibt es etwas extra. Das Schnäppchengefühl stellt sich ein, und das ist ein gutes Gefühl. Lassen Sie auch Ihre Kunden in den Genuss kommen.

Bei mir hat sich mittlerweile allerdings schon ein kleiner Bonuskartenfriedhof von Bäckern, Tankstellen und Friseuren angesammelt, weil ich manche immer wieder vergesse mitzunehmen oder weil es einfach viel zu lange dauert, bis sie voll sind. Damit der Kunde nicht so lange auf einen Bonus oder einen Rabatt hinarbeiten muss, unterteilen Sie die Rabattkarte in kleine Zwischenstufen.

Beispiel: Bei einer Zehnerrabattkarte bekommen die Kunden in der Regel erst nach der zehnten Stunde einen Rabatt auf eine der folgenden Stunden. Geben Sie doch einfach nach der fünften Stunde schon mal ein kleines Halbzeit-Give-away raus. Ein Kugelschreiber mit Ihrem Firmenaufdruck oder eine kleine

Packung Hundekekse. Es kommt nicht auf den Wert an, sondern auf die Aufmerksamkeit. Auf das Rabatt zu bekommen, was der Kunde nun schon zehn Stunden durchlaufen hat, ist auch kein besonders großer Anreiz. Überlegen Sie sich etwas Besonderes als Bonus. Eine kostenlose Teilnahme an einem Social-Walk oder Prozente auf einen anderen Kurs, dessen Inhalte der Kunde noch nicht kennt. Neues belebt die Beziehung zum Kunden.

Events, Messen

Bieten Sie Ihren Kunden etwas Besonderes. Einen schönen Nachmittag mit Kaffee, Kuchen und netten Gesprächen zu verbringen, stärkt die Kundenbindung. Der Kreativität sind hier keine Grenzen gesetzt. Veranstalten Sie ein Sommerfest oder eine Weihnachtsfeier, einen Tag der offenen Tür auch für potenzielle Neukunden oder einen bunten Nachmittag, an dem jeder Kunde die unterschiedlichen Hundebeschäftigungsmöglichkeiten ausprobieren kann.

Wenn Sie mobil trainieren und keinen Hundeplatz haben, machen Sie eine Themenwanderung zur Maiblüte, eine Nachtwanderung im Sommer oder ein Herbstlaub-Pfotentreffen. Auch ohne festen Platz gibt es genügend Möglichkeiten, gemeinsam einen schönen Tag zu verbringen. Sie werden merken, wie sich im Anschluss das Gemeinschaftsgefühl gestärkt hat.

Aufmerksam sein, nicht aufdringlich

Sie haben nun eine ganze Menge Möglichkeiten an die Hand bekommen, die Kundenbeziehung aufzubauen und zu verstärken. Wie bei vielen Dingen gilt auch hier: Nicht übertreiben und stets authentisch bleiben. Verschießen Sie nicht Ihr ganzes Pulver innerhalb weniger Wochen. Setzen Sie die „Kundenbonbons“ gezielt und nicht zu aufdringlich ein, damit Ihre gut gemeinten Aktionen nicht wirken, als wollten Sie Staubsauger verkaufen.

Wenn Kunden nicht mehr kommen

Das Telefon klingelt und der Kunde am anderen Ende der Leitung teilt Ihnen mit, dass er ab sofort nicht mehr zum Training kommen wird. Uff, das ist erst mal eine unangenehme Situation. Immerhin wissen Sie hier Bescheid, denn es kann auch passieren, dass der Hundehalter ohne sich abzumelden nicht mehr zum Training erscheint. Einmal kann er ja noch vergessen haben, sich abzumelden, aber nach dem zweiten Mal ist es sinnvoll, anzurufen und nachzufragen, ob alles in Ordnung ist. „Ich möchte das Training abbrechen.“ Und jetzt?

Sie haben nun gerade erfahren, dass der Hundehalter Ihre Dienste nicht mehr nutzen will. Wie geht es weiter? Die erste Reaktion ist entscheidend. Auch wenn Sie sich jetzt überrumpelt fühlen und gekränkt, versuchen Sie sachlich zu bleiben. Eine Antwort wie: „Na, du wirst schon sehen, was du davon hast“, oder: „Warum, sagst du nicht eher, wenn es dir bei mir nicht gefällt?“, bringen Sie nicht weiter. Mehr noch, reagieren Sie anklagend und mit Vorwürfen, räumen Sie wohl jede Chance aus dem Weg, dass der Kunde noch mal zu Ihnen zurückkommt.

Stattdessen antworten Sie besser: „Schade, dass du nicht mehr kommen willst“, oder: „Das tut mir leid, ich hätte dich gerne weiter im Training begleitet.“ Natürlich ist diese Antwort nur angemessen, wenn es Ihnen auch wirklich leidtut und Sie den Hundehalter gerne als Kunden behalten würden. Andernfalls können Sie antworten: „Das tut mir leid, aber ich respektiere deine Entscheidung und wünsche dir und Timmy alles Gute." So ziehen Sie sich auch bei einem Kunden, dessen Wegbleiben Sie nicht bedauern, höflich aus der Affäre.

Wollen Sie den Kunden hingegen eigentlich nicht verlieren, gilt es nun herauszufinden, warum er nicht mehr kommen möchte. Manchmal sind die Gründe ganz banal und eine Kündigung kann noch abgewendet werden. Formulieren Sie Ihre Frage bitte nicht anklagend: „Du willst zu einer anderen Hundeschule gehen, richtig?", oder :„Dir hat es ja schon länger nicht mehr gepasst bei uns, stimmt's?" So fühlt sich der Kunde in die Enge getrieben und auf einen Vorwurf fällt es schwer, noch sachlich zu antworten. Eine ehrliche Antwort bekommen Sie so ebenfalls nicht. Geben Sie auch keine mögliche Antwort vor: „Du kommst nicht mehr, weil es zeitlich zu knapp wird, oder?" Mit dieser Vorlage ist es ein Leichtes für den Kunden, knapp mit „Ja, stimmt" zu antworten. Der wahre Grund muss es aber nicht sein.

Um die wirklichen Beweggründe herauszufinden, stellen Sie eine offene Frage nach dem Warum. Zusammen mit einem einleitenden ersten Satz lautet Ihre Reaktion nun: „Schade, dass du nicht mehr kommen möchtest. Darf ich fragen, woran das liegt?" Sachlich, ehrlich und nicht anklagend formuliert, wird Ihnen kaum jemand die wahrheitsgemäße Antwort schuldig bleiben. Je nach Grund können Sie nun eventuell noch einlenken und eine Lösung finden. Kann der Kunde dienstags wegen einer Terminüberschneidung nicht mehr, können Sie ihm vielleicht den Donnerstag als Alternative anbieten. Für Kunden, die Schicht arbeiten und denen es zu teuer ist, jedes zweite Training ausfallen zu lassen, findet sich vielleicht eine andere Lösung der Bezahlung.

Die Gründe, warum ein Hundehalter nicht mehr kommen will, können unendlich vielfältig sein. Mit der richtigen Einstellung zum Kunden und etwas Flexibilität lassen sich diese aber oft noch aus der Welt schaffen. Ist es dennoch so, dass keine Lösung gefunden werden kann, schlagen Sie die Tür nicht zu. Lassen Sie sie immer noch einen Spalt auf und zeigen Sie Verständnis für die Entscheidung: „Da ich keinen Trick-Dog-Kurs anbiete, kann ich verstehen, dass du die Hundeschule wechselst", oder: „Wenn du das Gefühl hast, momentan nicht weiterzukommen, akzeptiere ich deine Entscheidung, den Trainer wechseln zu wollen."

Gerade wenn der Kunde Ihnen mitgeteilt hat, die Hundeschule wechseln zu wollen, ist es sicherlich nicht einfach, gelassen zu reagieren. Dennoch haben Sie nur so die Chance, dass er zu Ihnen zurückkommt, und das ist gar nicht selten der Fall. Beenden Sie das Gespräch positiv und mit dem Angebot, jederzeit gerne wieder zurückkommen zu können: „Danke für die ehrliche Antwort. Ich finde es schade, euch nicht mehr zu begleiten. Bei Fragen oder wenn du wieder an einem Kurs teilnehmen möchtest, melde dich gerne bei mir. Alles Gute für euch zwei." Sie haben nun alles getan, was Sie in der Situation tun können. Möchten Sie den Kontakt dennoch nicht komplett abreißen lassen, fragen Sie, ob Sie den Kunden weiterhin mit Ihrem Newsletter auf dem Laufenden halten dürfen. Die wenigsten werden das ablehnen. So bekommt der Hundehalter immer noch regelmäßig Informationen von Ihnen und kann auf aktuelle Angebote bei Interesse zurückgreifen.

Der gesamte Dialog im Folgenden nun noch einmal anhand von zwei Fallbeispielen.

Fallbeispiel 1:

Der Kunde wechselt zu einer anderen Hundeschule. Er teilt dem Trainer dies unerwartet nach dem Unterricht mit.
Kunde: „Kann ich dich noch mal kurz sprechen? Die zehn Stunden sind heute ja um und ich werde keine neue Zehnerkarte nehmen. Ich höre heute auf."
Trainer: „Oh, da bin ich jetzt überrascht. Darf ich fragen, warum du aufhören möchtest?"
Kunde: „Ich habe mir in der letzten Woche das Training in einer anderen Hundeschule angesehen. Meine Freundin geht auch dahin und so können wir zusammen trainieren."
Trainer: „Stimmt, es ist natürlich schön, wenn man zusammen mit der Freundin trainieren kann. Solltest du aus irgendwelchen Gründen zurückkommen wollen, kannst du das jederzeit gerne tun."
Kunde: „Vielen Dank für das Angebot. Ich komme vielleicht einmal drauf zurück."
Trainer: „Wenn ich dir den Newsletter weiterhin schicken darf, bleibst du ja auch noch auf dem Laufenden. Ich wünsche dir und Toby alles Gute. Macht es gut."
Kunde: „Klar, den Newsletter möchte ich gerne weiterhin bekommen. Dir auch alles Gute. Tschüs."

Fallbeispiel 2:

Der Kunde bricht den Unterricht aus Zeitgründen ab. Er hat sich seit zwei Wochen nicht gemeldet. Der Trainer ruft an, um nachzufragen, woran das liegt.
Trainer: „Hallo Sabine, ich melde mich, weil du seit zwei Wochen nicht zum Training gekommen bist. Ich wollte einmal nachfragen, ob alles in Ordnung ist?"
Kunde: „Entschuldigung, ich habe es versäumt, mich abzumelden. Es ist so, dass es zeitlich momentan nicht passt. Ich denke, ich werde den Kurs erst mal abbrechen. Ich schaffe es mit den anderen Terminen einfach nicht."
Trainer: „Oh, das tut mir leid. Aber ich kann dich verstehen. Bei mir ist auch zeitlich immer alles knapp. Wenn es nur nicht mit Mittwoch als Trainingstag geht, kann ich dir anbieten, auch an einem anderen Tag zu kommen."
Kunde: „Ach so, ja? An welchen Tagen könnte ich denn noch teilnehmen?"
Trainer: „In der Montagsgruppe ist noch ein Platz frei. Die Samstagsgruppe werde ich ab nächster Woche teilen, dann kannst du gerne auch Samstagvormittag oder -nachmittag um 16 Uhr kommen."
Kunde: „Das ist ja super. Das wusste ich nicht. Dann möchte ich gerne ab nächster Woche Samstagvormittag dabei sein."
Trainer: „Gerne, ich trage dich ein. Bis nächste Woche. Ich freue mich auf euch. Tschüs."

Kunden ablehnen

Können wir es uns als Trainer erlauben, Kunden abzulehnen? Wenn es ein ehemaliger Kunde ist, den Sie in schlechter Erinnerung haben, weil er nicht gezahlt hat oder in der Gruppe für Unruhe sorgte, ist die Entscheidung sicher einfach und dem Kunden gegenüber plausibel zu begründen. Wie ist es aber mit neuen Kunden, die Sie nicht kennen?

Generell sollte es ja unser Ziel sein, Kunden unvoreingenommen gegenüberzutreten und jedem eine Chance zu geben. Warum und in welchen Situationen ist es eventuell doch sinnvoll, Aufträge abzulehnen? Sie haben gerade mit einem Hundehalter telefoniert und ein ungutes Bauchgefühl. Das Telefonat verlief schleppend, Sie sind nicht sicher, ob Sie wirklich erreichen können, was der Kunde

Hat ein Kunde unrealistische Trainingswünsche und kann keine einvernehmliche Lösung gefunden werden, sagen Sie den Auftrag lieber ab, als ihn nicht zufriedenstellend auszuführen.

sich vorstellt. Überlegen Sie anhand von folgenden Fragen, ob Sie den Auftrag annehmen oder vielleicht doch besser die Finger davon lassen.

Kann das Trainingsziel erreicht werden?

Sie werden sicherlich auch schon Anfragen mit völlig unrealistischen Erwartungen bekommen haben. Weicht der Kunde im Gespräch von diesen Vorstellungen nicht ab und ist es völlig unmöglich, das Trainingsziel überhaupt oder in einem bestimmten Zeitraum zu erreichen, sagen Sie den Auftrag ab. Ihnen und auch dem Kunden ist nicht geholfen, wenn Sie am Ende feststellen, dass das Problem – wie von Ihnen schon erwartet – nicht gelöst werden konnte. Sie machen sich dadurch bei dem Kunden nicht nur unglaubwürdig, er wird wahrscheinlich auch nicht positiv über Ihre Hundeschule sprechen.

Fallbeispiel

Ein Kunde ruft an und berichtet davon, in vier Wochen mit seiner Familie und dem Hund in den Urlaub an die Ostsee fahren zu wollen. Der Hund ist erst seit zwei Monaten in der Familie und hat vorher vier Jahre auf einem Firmengelände im Zwinger gelebt. Der Hund kannte bis dahin auch nur das Firmengelände und nichts anderes. Der Kunde berichtet, dass der Hund nicht stubenrein ist und beim Spaziergang an der Leine ausflippt, wenn er andere Hunde sieht. Wenn sie ihn mit in die Stadt nehmen, ist er überfordert und reagiert gestresst. Der Kunde möchte nun kurzfristig einen Termin mit Ihnen vereinbaren, um die Problematiken mit dem Hund bis zum Urlaub in den Griff zu bekommen.

Erwartet der Kunde von Ihnen, in den noch verbleibenden vier Wochen alle Schwierigkeiten abzustellen und durch Ihr Training einen ruhigen, ausgeglichen, stubenreinen Hund mit in den Urlaub nehmen zu können, sagen Sie den Auftrag ab. Es wäre unseriös, dem Kunden zu versprechen, dass dies in der kurzen Zeit möglich ist.

Lässt der Kunde mit sich reden und ist bereit, mit dem Training zu starten, um bis zum Urlaub erste kleine Erfolge zu haben, sagen Sie den Auftrag nicht ab. Sie können Lösungsansätze für die Stubenreinheit, das Leinenpöbeln und das Gestresstsein in der Stadt erarbeiten. Dem Kunden muss aber klar sein, dass dies nur mit starker Rücksichtnahme auf den Hund funktioniert und er sich im Urlaub sehr einschränken muss. Eine andere Alternative, die Sie im Termin besprechen können, wäre die Unterbringung des Hundes bei Freunden oder in einer Pension für diesen Zeitraum.

Können Sie den Auftrag erfüllen?

Ein Hundehalter wendet sich mit einem Problem an Sie, das Sie sich nicht zutrauen – vielleicht weil Sie mit der speziellen Problematik keine Erfahrung haben oder weil Sie sich mit einer bestimmten Hunderasse nicht auskennen. Seien Sie ehrlich und sagen den Auftrag ab. Niemand ist geholfen, wenn Sie sich ausprobieren und das Problem nicht kompetent bearbeiten können oder vielleicht noch verschlimmern. Verweisen Sie den Kunden an einen anderen Trainer oder Tierarzt mit dem Schwerpunkt Verhaltenstherapie. Vielleicht dürfen Sie bei dem Termin dann dabei sein und können so noch dazulernen.

Ist der Kunde bereit mitzuarbeiten?

Nur wenn der Kunde bereit ist mitzuarbeiten, ist es sinnvoll, mit dem Training zu starten. Es gibt ab und zu Anfragen von Kunden, dass ausschließlich der Trainer mit dem Hund arbeitet. Der Hund wird bei dem Trainer dann sicherlich das gewünschte Verhalten zeigen, es ist jedoch wichtig, den Kunden im Umgang mit seinem Hund ebenfalls anzuleiten, damit er theoretische und praktische Kenntnisse erlangt. Nur so kann das Training nachhaltig und erfolgreich sein. Ist der Hundehalter auch nach einem aufklärenden Gespräch nicht dazu bereit, sagen Sie den Auftrag besser ab.

Auch kann es vorkommen, dass der Kunde ein bestimmtes Verhalten ändern möchte, aber nicht bereit ist, Ihre Trainingsmethoden anzuwenden. Hierzu fällt mir das Beispiel ein, dass der Kunde seinem Hund das Jagen abgewöhnen wollte. Der Hund hatte bereits mehrfach erfolgreich junge Kaninchen gejagt und erlegt. Der Hundehalter schilderte die Situation am Telefon und sagte auch, schon mal einen anderen Trainer konsultiert zu haben, der mit der Schleppleine trainieren wollte. Dies wollte der Kunde nicht, da es ihm zu unpraktisch sei. Wenn Ihre Trainingsmethode nun auch die mit der Schleppleine ist, sagen Sie dem Kunden dies offen und lehnen Sie den Auftrag ab. Der Kunde muss bereit sein, nach Ihren Vorgaben mitzuarbeiten, sonst werden Sie nicht zum Erfolg kommen.

Passt der Auftrag zu Ihrer Philosophie?

An Ihrer Unternehmensphilosophie rüttelt niemand. Bleiben Sie sich treu, auch wenn dadurch ein Kunde nicht zu Ihnen findet. Sie trainieren nach Ihrer Ideologie und nach Ihren Maßstäben ein bestimmtes Kundenklientel. Eröffnet Ihnen ein Kunde nun einen Trainingswunsch, den Sie im Trainingsansatz und Ziel nicht unterstützen, sagen Sie den Auftrag ab. Sie müssen sich nicht verbiegen und schon gar nicht Aufträge annehmen, bei denen Sie sich nicht wohlfühlen oder nicht dahinterstehen.

Souveräner Umgang mit Kritik und Beschwerden

Sie können sich noch so anstrengen, aber allen alles recht zu machen, funktioniert leider nicht immer. Egal wie viel Mühe Sie sich geben, wie gut Sie vorbereitet sind und wie zufrieden die anderen Teilnehmer auch sind, Kritik und Beschwerden kommen vor. So unangenehm es in der Situation auch sein mag, wenn Sie mit Kritik und Beschwerden richtig umgehen, können Sie sie positiv nutzen und daran wachsen.

Falsch:

- Den Kritisierenden ablehnen
- Gegenkritik
- Beleidigt und gekränkt sein
- Rechtfertigen

Richtig:

- Zuhören ohne unterbrechen oder Entschuldigungen
- Zustimmen, wenn der Kritisierende recht hat
- Kritik und Gründe ausführlich erläutern lassen
- Entschuldigen, wenn wir wirklich im Unrecht sind
- Bei unangebrachter Kritik eigenen Standpunkt sachlich vertreten

Nehmen Sie Kritik als Chance, Abläufe und Training zu verbessern. Versuchen Sie, nicht verletzt zu reagieren, Sie werden nicht in Ihrer Person kritisiert. Die Meinung des Kritisierenden ist eine subjektive Wahrnehmung und kann bei einer anderen Person schon wieder völlig anders aussehen.

Sicherheit im Einzeltraining

Vor ein paar Jahren rief mich ein Mann an und schilderte mir die Probleme seines Hundes, woraufhin wir einen Termin zum Erstgespräch bei ihm zu Hause vereinbarten. Am Telefon war er sehr sympathisch, sodass ich mir keine Gedanken machte und zu der angegebenen Adresse fuhr. Dort angekommen, fand ich das Haus zuerst gar nicht. Es lag versteckt hinter einer hohen Hecke. Ich ging den schmalen Weg zwischen Büschen und Hecke auf den Eingang zu. Die Rollläden waren mitten am Nachmittag heruntergelassen. Ich dachte zuerst, es wäre vielleicht niemand zu Hause, ging trotzdem weiter zur Haustür und klingelte. Sofort bellten mehrere Hunde. Nach ein paar Sekunden wurde die Tür geöffnet und ein Mann Mitte vierzig öffnete die Tür. Wir begrüßten uns und er bat mich herein. Durch die Rollläden war es sehr dunkel im Haus, ich konnte durch eine geöffnete Tür ins Schlafzimmer blicken, wo Licht brannte und der Wecker durchgängig klingelte. Wir gingen weiter ins Wohnzimmer, auch hier waren die Rollläden drei viertel unten. Die Hunde hatte ich bisher noch nicht gesehen. Als ich danach fragte, sagte der Kunde, er habe sie im Gästezimmer eingesperrt, damit wir erst in Ruhe über alles sprechen können. Uff!

Können Sie sich vorstellen, wie es mir bei diesem Termin ging? Zum ersten Mal habe ich mir Gedanken darüber gemacht, dass ich mich einer gewissen Gefahr aussetze, wenn ich zu fremden Leuten zum Haustermin fahre oder mich zu einem Einzeltraining im Wald treffe. Das Haus hinter der Hecke versteckt, die Rollläden am helllichten Tag heruntergelassen und im Haus eher chaotische Zustände – die Situation verunsicherte mich so, dass ich zum ersten Mal auf ein ausführliches Anamnese-Gespräch im Haus verzichtete und vorschlug, mit dem Hund, der laut Aussage des Kunden aggressiv auf Motorräder reagiert, direkt hinauszugehen. Alles in mir schrie: „Raus hier!"

Doch weiter verlief es gut und der Kunde entpuppte sich als sehr freundlich. Zum Ende des Termins hat er sich entschuldigt, dass es so chaotisch begann. Er hatte nach der Nachtschicht verschlafen – also eine ganz simple Erklärung für die Situation.

Bisher bin ich in Einzeltrainings noch nie in eine wirklich bedrohliche Situation geraten, aber Gedanken habe ich mir im Vorfeld schon häufiger gemacht. Übergriffe auf Hundetrainer, so ein Quatsch, sagen Sie? Ja, im ersten Moment scheint es absurd zu klingen. Warum sollte uns jemand angreifen, wir kommen doch, um zu helfen. Das ist richtig. Aber Sie können nie wissen, wen Sie antreffen, in welcher Gefühlslage sich derjenige gerade befindet und was seine Absichten sind. Ich möchte keine Panik erzeugen, aber sensibilisieren und dazu anregen, sich mit dem Thema Sicherheit zu beschäftigen. Wenn Sie sich zuvor schon einmal mit Ihrer eigenen Sicherheitsstrategie beschäftigt haben, werden Sie im Ernstfall souveräner reagieren und können brenzlige Situationen besser erkennen und vermeiden.

Folgende Fragen, die Sie sich vor einem Einzeltraining stellen können, helfen Ihnen, die Situation besser einzuschätzen:

- Kenne ich den Kunden bereits oder handelt es sich um einen Ersttermin?
- Wenn es sich um einen Ersttermin handelt, was für ein Gefühl hatte ich beim ersten Telefonat?
- An was für einem Ort treffe ich mich mit dem Kunden? Bei ihm zu Hause? Auf dem Trainingsgelände? Im Park oder Wald?
- Wie sind die Gegebenheiten an dem Treffpunkt? Ist es sehr abgelegen oder in einer belebten Gegend?
- Habe ich die kompletten Kontaktdaten (Name, Anschrift, Telefonnummer) des Kunden?
- Sind noch andere Personen bei dem Termin anwesend? Weitere Familienmitglieder des Kunden oder eine Trainerkollegin, die Sie mitbringen?
- Wissen andere Personen (Kollegen, Familie), wo ich mich aufhalte und wo der Termin stattfindet? Geben Sie Trainerkollegen oder Familienmitgliedern die Adresse, an der Sie sich zu einem Einzeltraining aufhalten.
- Habe ich ein Mobiltelefon dabei?
- Habe ich mit jemand die Rückmeldung zu einem bestimmten Zeitpunkt vereinbart?
- Wie ist mein Bauchgefühl bei dem Termin? Fühle ich mich sicher oder bleibt ein Unbehagen?

Wenn Sie diese Fragen positiv für sich beantworten können, haben Sie sich innerlich schon gut abgesichert und können dem Termin entspannt entgegensehen. Sollte ein ungutes Bauchgefühl bleiben, hören Sie darauf. Auch wenn der Kunde Ihnen gar nichts Böses will, können Sie mit einem Knoten im Bauch nicht richtig arbeiten und sind nicht authentisch. Das bedeutet nicht, dass Sie den Termin absagen sollen. Treffen Sie für sich notwendige Veränderungen, damit der Termin ohne mulmiges Gefühl stattfinden kann.

Nehmen Sie zum Beispiel jemand mit, wenn Sie zu einem Einzeltraining nach Hause gerufen werden. Das kann ein Trainerkollege sein oder ein Bekannter, der als „Praktikant" dabei ist. Treffen Sie sich nicht an abgelegenen Orten, sondern im Park oder an anderen Stellen, an denen Sie nicht alleine sind. Vereinbaren Sie die Termine für die hellen Vor- und Nachmittagsstunden. Achten Sie darauf, dass der Akku Ihres Mobiltelefons ausreichend geladen ist und Sie einen Notruf absenden könnten. Mit diesen Präventivmaßnahmen haben Sie sich optimal vorbereitet.

Ich möchte auch noch mal ausdrücklich bemerken, dass die absolute Mehrheit unserer Kunden sich über unsere Hilfe freut und nichts Böses im Schilde führt. Dennoch halte ich es für wichtig, sich mit dem „Was wäre wenn" schon einmal beschäftigt zu haben.

Unangenehme Themen ansprechen

Herr Müller kommt schon seit Wochen mit seinem jungen Münsterländer zu Ihnen zum Training. Er ist 81 Jahre alt und gesundheitlich sehr eingeschränkt. Er liebt seinen Hund über alles und hatte schon immer Münsterländer. Auf Dauer kann er ihm jedoch nicht gerecht werden. Wie sollen Sie das bloß ansprechen, ohne Herrn Müller zu verletzen und zu vergraulen?

Frau Jansen hat noch immer nicht die Kursgebühr überwiesen. Wöchentlich kommt sie zum Training und hat jedes Mal eine andere Ausrede. Natürlich muss der Kurs bezahlt werden, aber Frau Jansen ist eigentlich auch sehr nett und Sie möchten sie nicht als Kundin verlieren.

Nächste Woche sollte ein Seminar stattfinden. Es haben sich aber nicht genügend Teilnehmer angemeldet, sodass Sie es nun absagen müssen. Ausgerechnet eine Teilnehmerin ist Stammkundin bei Ihnen und freut sich schon seit Monaten auf das Seminar. Wie bringen Sie ihr das am besten bei, ohne dass sie zu sehr enttäuscht ist?

Kommen Ihnen solche oder ähnliche Situationen bekannt vor? Drücken Sie sich auch gerne davor, unangenehme Botschaften zu überbringen? Nun, das ist völlig normal. Unangenehme Botschaften zu überbringen fordert eine Menge Mut, Überwindung und auch ein bisschen Übung. Wir möchten schließlich niemand kränken oder verärgern. Trotzdem sollten Sie es nicht allzu lange vor sich herschieben, denn unausgesprochen kann die Situation für Sie sehr belastend werden. Sie denken häufig darüber nach, wie Sie die Botschaft am besten überbringen. Das Problem geht Ihnen nicht mehr aus dem Kopf und gedanklich steigern Sie sich immer mehr hinein. Zum Schluss wird aus dem „Problemchen" ein riesengroßes Problem. Sprechen Sie es erst dann an, nachdem Sie es so lange in sich hineingefressen haben, ist es schwer, noch sachlich zu bleiben. Sie sind innerlich schon sehr aufgewühlt und sagen vielleicht Dinge, die Sie so nicht gemeint haben.

Was Sie nicht tun sollten

Warten Sie nicht darauf, dass sich das Problem von alleine löst. Es bringt nichts, darauf zu hoffen, dass derjenige das Problem von alleine erkennt und anspricht, denn es ist den Betroffenen häufig gar nicht bewusst. Auch ist es nicht sinnvoll, mit Andeutungen oder allgemeinen Aussagen zu versuchen, auf die Problematik aufmerksam zu machen. Der säumigen Kundin wird nicht bewusst, dass es sich um sie dreht, wenn Sie nach dem Gruppentraining in die Runde sagen, dass Sie gestern im Fernsehen eine Sendung über die zunehmende Verschuldung von privaten Haushalten in Deutschland gesehen haben.

Gesprächsdurchführung

Ein schwieriges Thema sollte immer unter vier Augen angesprochen werden, damit die Person sich nicht bloßgestellt fühlt. Die Kritik, Ermahnung oder Niederlage ist auch so für

Sprechen Sie das Problem mit einer Ich-Botschaft an, bieten Sie eine Lösung und zeigen Sie die Vorteile auf.

die meisten schon schwer zu verdauen. Hört noch jemand anderes zu, wird es noch unangenehmer.

Sorgen Sie dafür, dass Sie eine entspannte Ausgangssituation haben. Nehmen Sie sich Zeit und beginnen Sie ein schwieriges Thema nicht, wenn in den nächsten fünf Minuten die anderen Kursteilnehmer eintrudeln. Nehmen Sie sich die Person am besten zum Ende des Unterrichts zur Seite, wenn niemand sie stört.

Versuchen Sie ruhig zu bleiben und das Thema so gelassen wie möglich anzusprechen. Eine gereizte Stimmung, Kritik oder Vorwürfe bringen Sie nicht weiter. Nimmt Sie das Thema emotional so mit, dass Sie doch nervös oder unruhig sind, sprechen Sie dies zu Beginn des Gespräches offen an. Sagen Sie zum Beispiel: „Es ist für mich nicht leicht, dieses Thema anzusprechen“, oder: „Ich möchte Ihnen nicht zu nahe treten, muss aber über xy mit Ihnen sprechen.“ So zeigen Sie Ihrem Gegenüber, das Ihnen die Situation unangenehm ist und es Ihnen ebenso schwerfällt, darüber zu sprechen. Danach können Sie sich dem eigentlichen Thema zuwenden. Wählen Sie hierfür direkte Worte und reden Sie nicht um den heißen Brei herum. Sagen Sie, was das Problem ist und auch warum. Schlagen Sie dem Kunden eine Lösung vor, die das Problem aus der Welt schafft, und erläutern Sie auch die Vorteile, die der Kunde dadurch hat. Wird die Problematik direkt und offen angesprochen, ist dies für den Kunden eventuell erst mal schwer zu verkraften und ein kleiner

Schock. Mit einer beschwichtigenden Reaktion wie: „Das kann jedem mal passieren", „Sie haben das sicherlich nicht absichtlich gemacht" oder „Ich kenne das aus eigener Erfahrung", können Sie die Situation auflockern und die Spannung nehmen.

Verzichten Sie auch auf Anschuldigungen und negative Aussagen, sprechen Sie in Ich-Botschaften. Statt: „Du hast den Kurs immer noch nicht bezahlt", sagen Sie besser: „Mir ist aufgefallen, dass die Kursgebühr noch nicht beglichen ist." Statt: „Wie konnten Sie sich denn so einen Hund anschaffen in Ihrem Alter", ist es einfühlsamer zu sagen: „Ich sehe, dass Sie Mühe haben, Ihren Hund zu halten, wenn er unverhofft in die Leine springt."

Mit Selbstzweifel und Unsicherheiten umgehen

Bam! Plötzlich hast du eine großartige Idee für einen neuen Hundeschulkurs. Das Thema ist toll und dir fallen spontan vier Kunden ein, für die der Kurs genau passend wäre. Du fängst an, das Konzept zu schreiben, und plötzlich kommen Zweifel auf: Soll ich diesen Kurs wirklich anbieten? Im Nachbarort gibt es schon ein ähnliches Angebot. Was ist, wenn sich zu wenig Kunden anmelden?

Kommt Ihnen das bekannt vor? Diese Zweifel lassen sich auf viele andere Bereiche im Hundeschulalltag übertragen. Sie haben tolle Pläne, Ideen und sind kreativ, aber dann kommen wieder Zweifel:

- Werde ich mich blamieren?
- Bin ich kompetent genug?
- Was denken die anderen über mich?
- Schaffe ich das?
- Ist meine Idee wirklich so gut?
- Bin ich die Richtige für das Projekt?

Sie fangen an, alles zu hinterfragen. Wo vorher eine tolle Idee war, sind jetzt Bedenken. Die erste Begeisterung wandelt sich in Selbstzweifel. Aber woher kommen diese Selbstzweifel?

Wissenschaftler fanden heraus, dass die Auslöser für Selbstzweifel zum einen zu hoch gesteckte Ziele und zum anderen die Suche nach Perfektion sind. Häufig erlernen wir diese Selbstzweifel bereits in der Kindheit. Bei den Eltern und in der Schule lernen Kinder, dass sie nur für das Erbringen von gewünschtem Verhalten und Leistung gelobt und belohnt werden. Unerwünschtes, unangepasstes Verhalten hat negative Konsequenzen. Für eine Eins im Zeugnis gibt es Lob und Geld, für eine Sechs Hausarrest und Schülernachhilfe. Macht das Kind den Abwasch ordentlich, wird es mit Süßigkeiten belohnt. Will es den Abwasch nicht machen, wird das Kind als faul dargestellt, vielleicht auch noch als frech, weil es Widerworte gibt. So lernen Kinder schnell, dass es sich lohnt, etwas gut zu machen und angepasst zu sein, Widerworte und eigene Vorstellungen hingegen nicht so gern gesehen sind. Brav und gesittet neben einer Pfütze laufen wird gelobt, hineinspringen und das braune Wasser bis zu den Ohren spritzen lassen wird gerügt. Die Kinder werden unsicher, trauen sich nicht mehr, aus der Reihe zu tanzen, und beginnen, eigene Ideen infrage zu stellen.

Diese Verhaltensmuster übernehmen wir in unseren Erwachsenenalltag. Wie im Hundetraining gilt: Je länger ein Verhalten sich gefestigt hat, desto schwieriger lässt es wieder abtrainieren oder umlenken. Aber es geht! Die folgenden Tipps helfen Ihnen, Ihre Unsicherheiten und Selbstzweifel zu minimieren und sich auch mal etwas zuzutrauen.

Was kann ich besonders gut?

Nehmen Sie sich ein Blatt Papier und schreiben Sie auf, was Sie gut können, worin Ihre Stärken liegen und wofür Freunde, Familie und Kunden Sie schätzen. Schreiben Sie einfach drauflos, was Ihnen gerade in den Kopf kommt, ohne lange zu überlegen oder es nach Themen zu sortieren. Das könnte zum Beispiel so aussehen:

- Meine Familie liebt meine Torten.
- Ich kann gut Badminton spielen.
- Meine Trainerkollegen loben mich für mein Welpentraining.
- Meine Kinder puzzeln gerne mit mir.
- Meine Kunden mögen mein Dummy-Training.
- Ich kann gut Social Walks anleiten.
- Eine meiner Stärken ist das Training mit Angsthunden.
- Ich kann gut Urlaube organisieren.
- Ich arbeite gerne Konzepte für die Hundeschule aus.
- Meine Mutter lobt mich immer für meine Weihnachtsdekoration im Haus.
- Ich plane gerne das Hundeschulsommerfest.

Ich bin sicher, Ihre Liste ist noch viel viel länger. Nun sehen Sie Ihre Talente schwarz auf weiß vor sich. Sie können eine ganze Menge. Sie können Dinge, die andere nicht können, und haben Spaß daran. Seien Sie stolz darauf!

Das Tagebuch

Legen Sie sich ein kleines Notizheft zu. Darin schreiben Sie jeden Abend die Dinge auf, die den Tag über besonders gut geklappt haben und über die Sie sich gefreut haben. So zum Beispiel:

- Das erste Training mit der neuen Kundin lief sehr positiv, ein Folgetermin ist schon vereinbart.
- Ich habe es geschafft, in der Mittagspause joggen zu gehen.
- Ich habe meinen Trainingsplan für das kommende Halbjahr komplettiert und auf der Homepage veröffentlicht.
- Die Büroarbeit ist fertig geworden. Ich kann die Unterlagen morgen zum Steuerberater bringen.
- Ich hatte Zeit, endlich mal wieder mit einer Freundin zu telefonieren.
- Eine ehemalige Hundeschulkundin, mit der ich sehr gerne gearbeitet habe, hat sich nach einem Jahr zu einem neuen Kurs angemeldet.

Sie werden merken, wie Sie selbst kleine Erfolge durch das Aufschreiben intensiver erleben und überhaupt erst wahrnehmen. Vieles geht im Alltag unter und wird zu wenig beachtet. So können Sie sich jeden Abend daran erinnern und das Notizbuch auch mal zur Hand nehmen, wenn es gerade nicht so läuft, und darin blättern. Das schafft Selbstvertrauen!

Gefühl oder Tatsache?

Sie trauen sich an eine neue Aufgabe nicht heran? Sie denken, Sie schaffen es nicht, ein Theorieseminar zu geben oder ein Konzept für einen neuen Kurs zu schreiben? „Ich kann das nicht" ist schnell gesagt, aber *warum* können Sie das nicht? Ist das nur ein Gefühl oder Tatsache?

Nehmen Sie sich auch hier wieder ein Blatt Papier und schreiben Sie einmal Pro und Kontra auf. Was spricht dafür, dieses Projekt anzugehen, und was dagegen? Ich bin fast sicher, Ihre Unsicherheit ist nicht in Ihrem fachlichen Können begründet. Häufig ist es nur die Angst vor Neuem und Unbekanntem. Überwinden Sie Ihren inneren Angsthasen. Das kostet Mut, wird aber mit Stolz und Selbstvertrauen belohnt.

Darüber sprechen!

Heute ist der Tag, vor dem Sie schon seit Wochen etwas Muffe haben? Sie betreten unbekanntes Terrain oder trauen sich an ein neues Projekt? Sprechen Sie es an: „Ich gebe diesen Kurs heute zum ersten Mal und habe etwas Lampenfieber. Ich tue mein Bestes, damit alles so klappt, wie ich es vorbereitet habe.“ So wirken Sie sympathisch und niemand wird Ihnen böse sein, wenn es beim ersten Mal noch etwas holprig ist.

Fehler als Chance sehen!

Viele Menschen trauen sich an neue Projekte gar nicht erst heran, weil sie Angst haben, Fehler zu machen. Wenn Sie sich also an Unbekanntes wagen, haben Sie anderen schon mal eine Menge voraus. Wir lernen nämlich durch Fehler und wachsen an ihnen. Nur wer Fehler macht, lernt dazu und wird ideenreicher in der Problemlösung. Manchmal wünsche ich mir die Unbedarftheit eines Kindes beim Laufenlernen zurück. Wie viele hundert Mal ist es auf dem Hinterteil gelandet und trotzdem wieder aufgestanden, bis es laufen konnte, ohne zu zweifeln oder aufzugeben. Also fallen Sie ruhig mal hin, das gehört dazu. Dann stehen Sie wieder auf und machen mit noch mehr Willenskraft weiter.

Was Sie alles schaffen können, erfahren Sie erst, wenn Sie es ausprobieren. Also legen Sie los!

„Nein“ sagen lernen

Es ist ein Mittwochabend im November, 19:00 Uhr. Morgens hatten Sie Einzeltrainings und die Hausfrauengruppe. Nachmittags einen Welpenkurs und Agility. Noch zehn Minuten Unterricht in der letzten Stunde des Tages, dann ist es geschafft. Es ist kalt und Sie freuen sich, endlich nach Hause zu kommen und heiß zu duschen. Als Sie gerade fertig sind, kommt eine Kundin auf Sie zu: „ Hast du noch zehn Minuten Zeit? Ich würde gerne deine Meinung zu einem Zweithund zu Frodo hören.“ Uff! Sie denken: „Nein, auf keinen Fall, ich bin total k.o., stehe schon seit Stunden in der Kälte, habe Hunger, will nach Hause und Feierabend machen. Wie soll man das in zehn Minuten denn besprechen?“ Tatsächlich sagen Sie jedoch: „Ja, klar. Warte kurz, ich komme sofort.“

Warum? Warum fällt es uns so schwer, „Nein“ zu sagen? Sicherlich wäre es für die Kundin auch in Ordnung gewesen, wenn Sie gesagt hätten: „Heute ist es ungünstig, aber wir können morgen gerne telefonieren, da habe ich Zeit für dich.“ Trotzdem gehen wir gerne den bequemen Weg des „Ja“-Sagens und nehmen dafür eigene Nachteile in Kauf. Es gibt unterschiedliche Gründe, warum es uns so schwer fällt, „Nein“ zu sagen:

- Es ist häufig bequemer, „Ja“ zu sagen, als ein „Nein“ zu diskutieren.
- Wir haben Angst, unser Gegenüber zu enttäuschen.
- Wir erhoffen uns Dankbarkeit und Anerkennung für ein „Ja“.
- Wir möchten nicht egoistisch erscheinen.
- Durch ein „Nein“ bekommen wir ein schlechtes Gewissen.
- Wir haben Angst, dass ein „Nein“ negative Konsequenzen haben könnte.

Genau wie Selbstzweifel und Unsicherheit wird auch die Angst, „Nein“ zu sagen, häufig schon in der Kindheit aufgebaut. Im Umgang mit den Eltern und Lehrern haben wir gelernt, dass es nicht einfach war, „Nein“ zu sagen. Es stieß auf Kritik, Vorwürfe, Widerstand, Maßregelung, Zurechtweisung und nicht selten auf eine Niederlage, weil wir unser „Nein“ als Kind häufig nicht durchsetzen konnten. Wir haben also gelernt, dass es einfacher ist, „Ja“ zu sagen, um Ärger, Unannehmlichkeiten und Stress zu vermeiden.

Wenn Sie den Alltagswahnsinn zwischen Familie, Beruf, Hobby und Freundeskreis unbeschadet überstehen wollen, tun Sie sich etwas Gutes und üben Sie, „Nein“ zu sagen. Gerade als Hundetrainer hören Sie mit Sicherheit häufiger: „Könntest du mal kurz ...“ „Ich bräuchte dich mal für ...“ oder „Hast du mal eben ...“ Gar nicht so einfach, da standhaft zu bleiben. Etwas Mut und Übung gehören, wie bei allem, was wir neu lernen dazu, Sie werden aber sehen, dass es Ihnen damit besser geht und Sie auch kein schlechtes Gewissen haben müssen.

Wenn du Ja zu anderen sagst, pass auf, dass du nicht Nein zu dir sagst.
(Paulo Coelho)

Sagen Sie „Ja“ zum „Nein“ – so klappt es!

Körperhaltung

Wenn Sie „Nein“ sagen, aber körpersprachlich „Na ja, vielleicht doch“ ausdrücken, wird Ihr Gegenüber wahrscheinlich versuchen, Sie noch umzustimmen. Achten Sie also als Erstes auf eine aufrechte und selbstbewusste Körperhaltung.

Das „Nein“ üben

Üben Sie das Neinsagen erst mal zu Hause. Sagen Sie dabei ein paarmal laut und deutlich „Nein“ und schütteln Sie gleichzeitig den Kopf, um das „Nein“ zu verstärken. Haben Sie dabei ein komisches Gefühl oder Unbehagen? Dann üben Sie es vor dem Spiegel so lange, bis Sie es überzeugend rüberbringen.

Kleinschrittig

In einigen Situationen kommt Ihnen ein „Nein“ problemlos über die Lippen, aber bei sehr selbstbewussten Kunden möchten Sie Unannehmlichkeiten vermeiden und trauen sich das „Nein“ noch nicht direkt zu? Das ist zu Beginn des Neinsagen-Übens in Ordnung. Hier können Sie einen kleinen Trick anwenden, erbitten Sie sich Bedenkzeit: „Geben Sie mir einen Tag Zeit, um das zu entscheiden, ich rufe Sie morgen an.“ So wirkt Ihr „Nein“ auf den Gesprächspartner überdachter und weniger direkt, als wenn Sie es ohne lange zu überlegen entgegnen. Am nächsten Tag können Sie dann anrufen – das ist ebenfalls einfacher, als es persönlich zu sagen – und das „Nein“ mit einer plausiblen Begründung (keine Ausrede oder Entschuldigung) mitteilen. Sie müssen das „Nein“ hierbei auch gar nicht direkt aussprechen, verpacken Sie es in einen Satz wie: „Der Termin nächste Woche passt mir nicht ...“, oder: „Ihr Angebot muss ich leider ablehnen ...“

Begründen

Ein „Nein“ muss nicht begründet werden. Ihr Gesprächspartner sollte es auch ohne weiteren Zusatz akzeptieren. Da Sie aber mit Kunden sprechen, ist eine knappe Begründung für Ihr Gegenüber verständlicher, höflich und lässt das „Nein“ zudem weniger hart klingen. Wichtig ist, dass Sie sich weder rechtfertigen noch

„Lasst die Hunde an der Leine bitte keinen Kontakt haben, das kann schnell eskalieren. Nachher im Freilauf können sie sich ohne Leine kennenlernen.“ – „Nein“ sagen, begründen, Lösung anbieten.

entschuldigen oder herausreden, das wirkt unglaubwürdig. Die Begründung sollte ehrlich und authentisch sein.

Hier ein Beispiel (Trainer): „Ich kann am Sonntag leider nicht mitfahren, um den Welpen auszusuchen. Es ist mein einziger freier Tag in der Woche, der gehört meiner Familie.“

Höflich bleiben

Eine freundliche Einleitung nimmt Ihrem Gesprächspartner den Wind aus den Segeln. Er wird über das „Nein“ wahrscheinlich nicht ernsthaft böse sein, wenn Sie höflich bleiben.

Beispiel (Trainer): „Vielen Dank für die Nachfrage. Ich freue mich, dass ihr mich bei der Besichtigung eures Welpen dabeihaben wollt. Allerdings ist es mein einziger freier Tag in der Woche, der gehört meiner Familie.“

Lösung anbieten

Ein „Nein“ oder eine Ablehnung erhält niemand gerne. Bieten Sie aber gleichzeitig eine Lösung an, ist es nur halb so schlimm und der Kunde sieht, dass Sie sich Gedanken machen und ihn nicht vor den Kopf stoßen wollen, sondern alternative Lösungsmöglichkeiten suchen.

Beispiel (Trainer): „Vielen Dank für die Nachfrage. Ich freue mich, dass ihr mich bei der Besichtigung eures Welpen dabeihaben wollt. Allerdings ist es mein einziger freier Tag in der Woche, der gehört meiner Familie. Ich kann dir anbieten, nächste Woche Montag oder Dienstag mitzufahren."

Fallbeispiel 1:

Kunde: „Kann ich nicht doch noch in die Dienstagsgruppe um 18 Uhr?"
Trainer: „Ich kann verstehen, dass du gerne um 18 Uhr dabei sein möchtest. Die Gruppe ist aber voll. Dienstag um 17 Uhr wäre aber noch ein Platz frei. Sobald in der 18-Uhr-Gruppe Platz ist, sage ich dir Bescheid."

Fallbeispiel 2:

Kunde: „Ich hätte gerne nächste Woche einen Termin für ein Einzeltraining. Es ist sehr dringend, Toby bellt momentan so stark am Gartenzaun."
Trainer: „Ich kann die Dringlichkeit verstehen. Nächste Woche bin ich aber schon ausgebucht. Wie passt es denn in der Woche danach?"
Kunde: „Hm, das ginge zur Not auch, aber kannst du mich nicht doch noch irgendwo dazwischenschieben? Ich kann auch abends später."
Trainer: „Leider habe ich gar keine Kapazitäten mehr in der nächsten Woche. Ich mache dir den Vorschlag, einen Termin für übernächste Woche Montag zu vereinbaren, und sollte ein Termin in der nächsten Woche ausfallen, melde ich mich direkt bei dir."
Kunde: „Super, das ist eine gute Lösung. Danke."

Gekonnt kontern – Sprachlosigkeit vermeiden

Ich stehe auf dem Platz im Gruppentraining und möchte den sechs anwesenden Hundehaltern eine Rückrufübung mit meiner Beagle-Hündin Holly demonstrieren, die die Mensch-Hund-Teams im Anschluss nachmachen sollen. Holly sitzt 15 Meter entfernt und wartet auf ein Kommando von mir. Ich rufe sie mit einem laut und deutlichen „Hiiiiieeeer". Und was macht Holly? Sie kommt etwa fünf Meter auf mich zu gerannt ... um dann im rechten Winkel zu einem der Hundehalter abzubiegen, der gerade knisternd eine Tüte mit Fleischwurst aus der Tasche zieht. Großes Gelächter bei den Kunden und einer ruft auch noch ironisch: „Na, dass klappt ja super. Hoffentlich lernt meiner das auch so gut! Ha, ha." Blöde Situation, kann aber passieren und ist mit der richtigen Reaktion nur halb so schlimm oder sogar lustig.

Vielleicht haben Sie Ähnliches auch schon einmal erlebt. Eine ironische oder kritische Bemerkung eines Kunden während des Trainings oder einer Theorieeinheit – zack ... Blackout ... Sie finden so rasch keine passende Antwort und schweigen. Wie gerne wären Sie da Bridget Jones mit einem Repertoire an witzigen und coolen Sprüchen, um dieses verbale Duell für sich zu gewinnen. Stunden später fallen Ihnen dann gleich mehrere passende Reaktionen ein, aber da ist es zu spät. In dem Moment der Sprachlosigkeit fühlen wir uns zumeist hilflos, ausgeliefert und eventuell auch inkompetent. Sind noch andere Kunden dabei, entsteht zudem ein Gefühl des Vorgeführtwerdens. Keine schöne Situation.

Was genau bedeutet aber schlagfertig sein und wie können wir es am besten trainieren, um rhetorisch immer auf Augenhöhe zu bleiben und situationsabhängig die richtige Antwort parat zu haben? Nach der Definition des Duden ist Schlagfertigkeit die Fähigkeit, schnell und mit passenden, treffenden, witzigen Worten auf etwas zu reagieren. Man könnte auch sagen, es ist das Wiederherstellen der eigenen Souveränität und Kompetenz. Nun gibt es aber viele unterschiedliche Situationen und gerade, wenn es um Schlagfertigkeit im beruflichen Umfeld geht, sollte diese gut bedacht und angemessen sein. Nicht zu jeder Aussage eines Kunden passt ein lustiger Spruch und bei einer kleinen nicht ernst gemeinten Stichelei gleich mit einer verbalen Breitseite zu reagieren, kommt auch nicht gut an.

Angemessene Reaktionen

Missgeschick

Passiert Ihnen ein kleines Missgeschick und wird von einem Kunden frech oder neckend kommentiert, dürfen Sie sich auch mit einem Witz oder Ironie aus der Situation retten. Mit etwas Übung macht das richtig Spaß und kann ein humorvoller Schlagabtausch werden. Je besser Sie Ihre Kunden kennen, desto besser können Sie deren Humor einschätzen.

Berechtigte Kritik

Werden Sie kritisiert und diese Kritik ist berechtigt, kann ein lustig gemeinter Spruch schnell flapsig und frech wirken. Hier sollte die Reaktion angemessen sein und dem Gegenüber signalisieren, dass Sie die Kritik ernst nehmen. Bedenken Sie immer, dass Sie sich nicht im privaten Umfeld aufhalten, sondern eine Dienstleistung anbieten.

Unberechtigte Kritik/Beleidigung

Handelt es sich um offensichtlich unberechtigte Kritik oder gar eine Beleidigung, ist eine Grenze überschritten, die Sie nicht hinnehmen müssen und auch nicht dulden sollten. Das ist der Fall, wenn es in der Aussage nicht um den Kritikpunkt an sich geht, sondern Sie als Person beleidigt oder gedemütigt werden.

Fallbeispiele

Etwas Unvorhergesehenes oder ein kleines Missgeschick

Nehmen wir hier das Beispiel vom Anfang. Holly hat auf meinen Rückruf nicht reagiert und ist – wie man es von einem Beagle erwartet – schnurstracks zu einem Kunden und seiner Fleischwurst gelaufen. Dieser lacht und ruft: „Na, das klappt ja super. Hoffentlich lernt meiner das auch so gut. Ha, ha." Es handelte sich dabei nicht um ernst gemeinte Kritik. Die Situation ist vielleicht etwas peinlich, eigentlich aber eher lustig. Hier können Sie mit einem witzigen Spruch antworten. Ich habe damals gesagt: „Sie ist schon volljährig, sie kann Entscheidungen auch eigenständig treffen." Im Anschluss habe ich diesen Patzer direkt genutzt, um den Hundehaltern zu erläutern, wie sie bei ihrem Hund in so einer Situation richtig reagieren oder es gar nicht erst dazu kommen lassen. So hatte Hollys eigensinnige Entscheidung gleich noch einen Lerneffekt und ich konnte die Situation für mich durch einen lustigen Spruch und eine Erklärung souverän ins Positive wenden.

Beispielsätze, wenn im Training mal etwas misslingt und die Kunden lachen oder Witze darüber machen:
„Das habe ich absichtlich gemacht, damit ihr seht, wie es nicht geht."

Kunde ironisch: „Der Beagle macht wieder, was er will." Trainer: „Ja! Wir müssen mal zur Hundeschule."

„Mein Hund hat gelernt, Kommandos noch mal zu überdenken und Entscheidungen durchaus alleine zu treffen."
„Im Unterricht soll mein Hund das ab und an mal falsch machen, damit ihr nicht denkt, wir sind perfekt."
„Sooo ... und wer von euch erklärt mir jetzt, warum das nicht geklappt hat?"
„Ich glaube, wir müssen mal zur Hundeschule."

Kritische Anmerkungen

Bei kritischen Anmerkungen von Kunden antworte ich immer sachlich oder mit einer Frage. Einzige Ausnahme wäre, dass ich den Kunden schon sehr lange kenne und seinen Humor einschätzen kann.

Kunde: „Meinen Sie, Sie sind der richtige Trainer für meinen Hund?"
Antwort: „Wie sollte der optimale Trainer für Ihren Hund sein?", oder: „Was sind Ihre Zweifel?", oder: „Ja, das denke ich. Wenn Sie mir Zeit geben und mitarbeiten, können wir erfolgreich an Ihrem Problem arbeiten."

Kunde: „Theoretisch hört sich das immer so gut an, aber in der Praxis klappt das nicht."
Antwort: „Was genau klappt in der Praxis nicht?", oder: „Beschreiben Sie mir bitte, was in der Praxis nicht klappt."

Kunde: „Sie machen nicht den Eindruck, als ob Sie sich bei meinem Hund richtig durchsetzen könnten."
Antwort: „Wie sollte das Ihrer Meinung nach aussehen?", oder: „Wonach beurteilen Sie das?"

Kunde: „Sind Sie nervös?"
Antwort: „Ja, ich gebe das Seminar zum ersten Mal", oder: „Etwas Lampenfieber gehört für mich dazu, damit es gut klappt."

Kunde: „Im Fernsehen habe ich einen Hund mit ähnlicher Problematik wie bei unserem gesehen, der Trainer hat das aber ganz anders gelöst."
Antwort: „Wie hat der TV-Trainer das Problem gelöst?", oder: „Es gibt viele Trainingswege für ein Problem, ich erkläre Ihnen gerne noch mal, warum ich das mit Ihrem Hund so trainieren würde wie besprochen."

Egal um welche Art von Kritik es sich handelt, im Anschluss an die Antwort sollte immer eine Erläuterung oder Besprechung zu der jeweiligen Problematik folgen. Lassen Sie den Kunden nie mit ungeklärten Fragen zurück.

Unberechtigte Kritik/Beleidigungen

Kunde: „Sie sind doch nicht ganz dicht, so viel Geld für vier Einzelstunden Stunden zu berechnen, das zahle ich nicht."
Antwort: „Ich lasse mich nicht beleidigen. Der Preis war vorher klar vereinbart und steht auch auf meiner Homepage."

Kunde: „Ihr Training ist völlig unprofessionell. Das hätte ich mir vorher denken können, so alternativ, wie Sie rumlaufen."
Antwort: „Wir können gerne sachlich über Missverständnisse sprechen, aber nicht in diesem Ton."

In jeder Situation angemessen reagieren

Ich bin ich, bin ich

Um von anderen Menschen und Ihren Kunden akzeptiert zu werden, ist es wichtig, zu allererst einmal mit sich selbst im Reinen zu sein und ein gesundes Selbstbewusstsein auszustrahlen. Es wird Sie nicht weiterbringen, wenn Sie 50 schlagfertige Sprüche auswendig lernen, Sie müssen das, was Sie sagen, auch so meinen und Ihr Gegenüber muss auch merken, dass Sie es wirklich so meinen. Prüfen Sie daher als Erstes, ob es Ihnen selbst gut geht und Sie sich wohlfühlen mit dem, was und wie Sie etwas sagen wollen. Es muss zu Ihrem Typ und Ihrer Art, mit Menschen zu kommunizieren, passen, sonst wirkt es schnell geschauspielert und macht Sie bei Ihrem Gesprächspartner unglaubwürdig.

Die Ritterrüstung

Wie schnell wir uns von anderen mit schlechter Laune anstecken lassen und wie nah wir dumme Sprüche an uns heranlassen, können wir selbst steuern und beeinflussen. Bestimmt waren Sie schon einmal in einer Situation, in der Sie intuitiv souverän auf einen dummen Spruch reagiert haben und dieser einfach an Ihnen abgeprallt ist. Stellen Sie sich nun vor, Sie hätten in dieser Situation eine Ritterrüstung getragen, an der dieser Spruch abgeprallt ist. Diese Ritterrüstung haben Sie immer an, man sieht sie nicht, aber sie ist da. Dumme Sprüche, fiese Kommentare prallen daran ab und treffen Sie nicht. Kommen Sie nun in eine brenzlige Situation, stellen Sie sich bildlich vor, wie Sie die Ritterrüstung tragen und der dumme Spruch an Ihnen abprallt.

Um die Ritterrüstung noch zu verstärken, können Sie sich passend dazu einen Spruch überlegen, den Sie sich denken oder auch aufsagen können: „Das prallt an mir ab", oder: „Damit bin ich nicht persönlich gemeint."

Vorbereitung

Vielfach wiederholen sich bestimmte Situationen und Reaktionen. Trotzdem erwischen Sie uns jedes Mal wieder eiskalt. Überlegen Sie, welche Situationen dies bei Ihnen sind, und bereiten Sie sich darauf vor. Schreiben Sie sich alle Aussagen auf, auf die Sie gerne schlagfertig reagieren würden, und formulieren Sie zwei bis drei Antwortmöglichkeiten dazu.

Training alleine

Schlagfertigkeit lässt sich wunderbar alleine trainieren. Schauen Sie sich im Fernsehen eine Talkshow an oder hören Sie im Radio einer Diskussion zu. Sie lernen so die unterschiedlichsten menschlichen Charaktere und

Eine Rüstung bietet Schutz gegen dumme Sprüche.

Kommunikationsarten kennen. Notieren Sie sich mehrere der Aussagen und Antworten und überlegen Sie, ob Sie genauso reagiert hätten. Können Sie sich mit der Antwort identifizieren oder würden Sie anders reagieren? Schreiben Sie sich zusätzlich noch eigene mögliche Antworten auf, die Sie in der Situation gegeben hätten. Wunderbar lässt sich das auch beim Einkauf im Supermarkt trainieren. Ungewollt bekommt man beim Schieben durch die Gänge Gespräche anderer Personen mit: „Wo bist du denn schon wieder mit dem Wagen." „Wofür brauchen wir das denn?" „Schon wieder Chips? Ich dachte, du willst Diät machen." Greifen Sie die Sätze auf und überlegen Sie sich hierzu eigene Antworten. Wenn Sie schon etwas geübter sind, setzen Sie sich ein Zeitlimit von zum Beispiel fünf bis zehn Sekunden, um nicht nur die passende Antwort, sondern auch die Schnelligkeit zu trainieren. Viel Spaß beim nächsten Einkauf!

Training zu zweit

Nehmen Sie ein Familienmitglied, einen Freund oder Freundin als Trainingspartner. Diese Person soll Sie wahllos mit dummen Sprüchen konfrontieren. Ähnlich wie in einem Quiz haben Sie nur eine bestimmte Zeitspanne, um darauf angemessen zu reagieren. Spielen Sie in dieser Trainingssituation alle möglichen Antwortarten durch: humorvoll, sachlich, fragend. So zum Beispiel:
Sprücheklopfer: „Na, du hast ja heute die gleiche Frisur wie dein Hund."
Antwort humorvoll: „Gefällt es dir? Dann gebe ich dir gerne die Nummer von unserem Friseur", oder: „Stimmt! Ich bin aber sicher,

dass meine Frisur unser Training heute nicht ausschlaggebend beeinflussen wird."
Antwort sachlich: „Da hast du recht, wir sind beim vorherigen Termin in einen Regenschauer gekommen."
Antwort fragend: „Was genau meinst du damit?", oder: „Wie bitte? Ich habe dich nicht richtig verstanden."

Mit diesem Repertoire sind Sie gut ausgerüstet, um im Training nie sprachlos zu sein. Es gibt viele weitere Möglichkeiten, schlagfertig zu reagieren, wie zum Beispiel Kommentare zu überhören oder das Gegenüber mit einer völlig unsinnigen Antwort wie „Auf dem Mond ist heute Zappelfete" zu verwirren oder bloßzustellen. Ich möchte aber noch einmal betonen, dass ich diese Alternativen in der Dienstleistung Hundetraining nicht für professionell halte. Sie verlieren dadurch nicht nur den Kunden, der sich bloßgestellt oder nicht ernst genommen fühlt, sondern eventuell auch noch weitere, die bei dem Vorfall dabei waren und nun befürchten, auch so behandelt zu werden. Ich bin aber sicher, dass Sie mit ein bisschen Übung durchaus in der Lage sind, rhetorisch geschickt zu reagieren und keine „dummen Sprüche" benötigen.

Kollegiale Beratung

Vielleicht waren Sie schon einmal in der Situation, in einem bestimmten Fall nicht weiterzukommen. Sie hatten keine Ideen mehr, wie Sie dem Kunden helfen können, und brauch-

Kollegiale Beratung ist eine gute Methode, um sich in bestimmten Situationen Tipps von Trainerkollegen einzuholen.

ten den Rat eines Kollegen. Oder ein Fall war bereits abgeschlossen, Sie waren aber mit dem Ausgang unzufrieden und hätten ihn gerne einmal besprochen. Die kollegiale Beratung nach Dr. Kim Oliver Tietze eignet sich wunderbar, um sich nach einem strukturierten Ablaufschema gegenseitig Unterstützung zu geben. Ich stelle sie hier vor, da sie sich auch ohne umfangreiche pädagogische Vorkenntnisse in die Praxis eines Hundetrainers übertragen lässt.

Tietze hat die kollegiale Beratung auf seiner Homepage so beschrieben: „Kollegiale Beratung ist ein systematisches Beratungsgespräch, in dem Kollegen (etwa Führungskräfte oder Projektleiter) sich nach einer vorgegebenen Gesprächsstruktur wechselseitig zu beruflichen Fragen und Schlüsselthemen beraten und gemeinsam Lösungen entwickeln."

Die Methode

Auf das Hundetraining übertragen, ist die kollegiale Beratung eine effektive Möglichkeit, um einen Fall, in dem man selbst gerade in einer Sackgasse steckt oder bei dem man den Rat von Kollegen einholen möchte, gemeinsam zu besprechen und nach weiteren Trainingsansätzen und einem Lösungsweg zu suchen.

Kollegiale Beratung.

Idealerweise sind sie eine Gruppe von vier bis neun Personen. Mir ist klar, dass es nicht in jeder Hundeschule ausreichend Trainer gibt, um die Fallberatung mit dieser Anzahl an Personen durchführen zu können. Hierzu werde ich später noch Möglichkeiten der Durchführung bei weniger Trainern aufzeigen.

Zur Besprechung des Falls werden feste Rollen (Moderator, Fallerzähler, Berater) an die teilnehmenden Trainer verteilt, die sie für die gesamte Dauer der Fallberatung behalten. Zu Beginn jedes weiteren Falls werden die Rollen neu verteilt. Nachdem der Fallerzähler sein Thema ausführlich geschildert hat, leitet der Moderator durch den Fall, indem er die Berater anregt, ihre eigenen Erfahrungen einzubringen und nach Lösungen zu suchen.

Moderator

Der Moderator führt durch die gesamte Beratung. Er sorgt durch Nachfragen dafür, dass der Fall so deutlich und ausführlich wie möglich geschildert wird und für die Berater verständlich ist. Wenn ein Flipchart vorhanden ist, schreibt der Moderator die wichtigsten Punkte dort auf, sodass sie für alle gut sichtbar sind. Es geht natürlich auch ein großer Bogen Papier oder die Rückseite einer Tapetenrolle an der Wand. Ich halte es für wichtig, den Fall schwarz auf weiß vor sich zu sehen, damit keine Details verloren gehen und sich die Berater die einzelnen Punkte zwischendurch immer wieder vor Augen führen können.

Fallerzähler

Der Fallerzähler benennt das Thema und schildert die Situation so ausführlich wie möglich. Er versucht, möglichst alle wichtigen Details anzugeben, die für eine Lösungsfindung wichtig sind. Abschließend stellt er die für ihn wichtige Frage zur Lösung des Problems.

Berater

Die beratenden Trainer folgen der Fallschilderung und stellen bei Bedarf Verständnisfragen. Sie geben Lösungsideen und erläutern, was sie in dem Fall tun würden.

Ablauf

Nach Tietze (2002–2017) läuft das Beratungsgespräch in einer festen Abfolge von sechs Phasen ab, in denen die Beteiligten verschiedene Aufgaben erfüllen. Der Aufbau ist immer gleich, sodass die Teilnehmer die Sicherheit einer immer wiederkehrenden Struktur haben.

Phase 1: Casting (Besetzung der Rollen)

Im Casting werden die Rollen besetzt. Moderation, Fallerzähler, Berater.
Ablauf: Die Gruppe einigt sich auf einen Moderator, der durch die weiteren Phasen führt. Der Moderator leitet die Besetzung der

Phase	Was passiert?	Was ist das Ergebnis?	Wer trägt dazu bei?
1. Casting (Besetzung der Rollen)	Die Rollen werden besetzt. Moderation, Fallerzähler, Berater.	Fallerzähler, Moderator und Berater nehmen ihre Rollen ein.	Moderator wird gesucht. Teilnehmende benennen ihren Fall kurz, ein Fall wird ausgewählt.
2. Schilderung des Falls	Der Fallerzähler schildert sein Thema ausführlich und detailliert.	Alle Teilnehmenden (Moderator und Berater) haben den Fall verstanden.	Der Fallerzähler berichtet und wird gegebenenfalls vom Moderator unterstützt. Die Berater stellen Verständnisfragen.
3. Schlüsselfrage	Der Fallerzähler stellt eine oder mehrere Schlüsselfragen.	Alle haben die Schlüsselfrage verstanden.	Der Fallerzähler formuliert eine oder mehrere Schlüsselfragen.
4. Methodenwahl	Ein Beratungsmodul aus dem Methodenpool wird gewählt.	Die Methode zur Beratung steht fest.	Der Moderator leitet die Auswahl eines Moduls an. Der Fallerzähler und die Berater machen Vorschläge.
5. Beratung	Die Berater geben ihre Ideen und Vorschläge im Stil des ausgewählten Beratungsmoduls.	Der Fallerzähler hat Ideen und Anregungen gemäß der Methode erhalten.	Die Berater formulieren ihre Beiträge passend zur Methode. Der Moderator notiert die Beiträge auf dem Flipchart
6. Abschluss	Der Fallerzähler resümiert die Beiträge der Berater und nimmt anschließend Stellung.	Die kollegiale Beratung ist abgeschlossen.	Der Fallerzähler berichtet, welche Anregungen für ihn wertvoll waren, und bedankt sich abschließend.

Rolle des Fallerzählers an. Fallerzähler kann jeder werden, der für ein Schlüsselthema oder eine schwierige Situation neue Perspektiven oder Lösungsideen erhalten möchte. Die übrigen Teilnehmer nehmen die Rollen kollegialer Berater ein. Sind es genügend Personen, kann ein Berater die Rolle des Protokollanten übernehmen, der in der Beratungsphase den Fallerzähler unterstützt, indem er die Ideen der Berater mitschreibt. Sind es nicht genügend Teilnehmer, kann auch der Moderator oder der Fallerzähler die Ideen aufschreiben.

Phase 2: Schilderung des Falls

Der Moderator bittet den Fallerzähler, von seinem Fall zu berichten. Der Fallerzähler braucht seine Darstellung nicht vorzubereiten, sondern erzählt spontan. Der Fallerzähler berichtet der Gruppe und hat dafür etwa zehn Minuten Zeit. Er gibt die Informationen, die aus seiner subjektiven Perspektive notwendig sind, um den Fall zu verstehen. Der Moderator unterstützt den Fallerzähler durch klärendes und fokussierendes Fragen. Die Berater halten sich in dieser Phase zunächst zurück. Am Ende der Zeit lässt der Moderator noch einige Verständnisfragen der Berater zu.

Phase 3: Schlüsselfrage

Eine Schlüsselfrage ist ein konkretes Anliegen oder Ziel der Beratung, das als Frage formuliert ist. Der Moderator bittet den Fallerzähler zu formulieren, welche Schlüsselfrage er in Bezug auf sein Thema an die Beratung hat. Der Fallerzähler formuliert seine Schlüsselfrage, wobei er von dem Moderator unterstützt wird.

Phase 4: Methodenwahl

Der Moderator leitet die Auswahl eines Beratungsmoduls an, das zur Bearbeitung der Schlüsselfrage in der gewünschten Zielrichtung dient. Der Fallerzähler kann ein Beratungsmodul vorschlagen, die Berater ebenfalls. Der Moderator trifft in Abstimmung mit den Anwesenden die Entscheidung. Vor Beginn der Durchführung erläutert er kurz das Vorgehen.
Mögliche Methoden sind:

Ideen sammeln/Brainstorming

Das Sammeln von Ideen ist eine Methode, die man dann auswählen kann, wenn der Fallerzähler eine Vielfalt von Lösungsideen wünscht, etwa bei einer Schlüsselfrage wie: „Was kann ich alles tun, um zurückhaltende Kunden im Training zu aktivieren?“ Beim Brainstorming – wie überhaupt in dieser Phase der kollegialen Beratung – gelten für die Beiträge vier wichtige Regeln, auf die der Moderator ausdrücklich hinweisen sollte:

- Jede Idee ist erlaubt.
- Andere Ideen können aufgegriffen und weiterentwickelt werden.
- Keine Kritik oder Killerphrasen
- Quantität vor Qualität

Da beim Brainstorming durch das Einhalten dieser Regeln immer eine große Anzahl von Ideen entsteht, sollte ein Teilnehmer die Ideen für den Fallerzähler mitschreiben.

Kopfstand-Brainstorming

Die Schlüsselfrage des Fallerzählers wird „auf den Kopf gestellt“ und damit in ihr inhaltliches Gegenteil verkehrt. Die Berater sammeln Ideen dazu, wie der Fallerzähler genau das Gegenteil dessen erreichen könnte, was er beabsichtigt. Diese Methode ist eine gute

Alternative zu Ideen sammeln/Brainstorming und erzeugt oft ungewöhnliche Perspektiven für festgefahrene Situationen.

Beispiel: Statt zur Schlüsselfrage: „Was kann ich tun, damit der Hund von xy ruhiger und entspannter wird?“, wird eine Ideensammlung zur Schlüsselfrage: „Was kann ich tun, damit der Hund von xy noch nervöser und gestresster ist?“ Der Moderator macht zunächst einen Vorschlag, wie die Kopfstand-Schlüsselfrage lauten könnte. Wenn diese Frage passt und ein Teilnehmer gefunden wurde, der mitprotokolliert, gibt der Moderator das Signal für eine zehnminütige Ideensammlung.

Am Ende fragt der Moderator den Fallerzähler, ob die gesammelten Ideen wieder zurück „auf die Beine gestellt“ werden sollen. Bejaht der Fallerzähler dies, dann werden die Ideen nacheinander wieder umformuliert.

Schlüsselfrage (er)finden
Wenn der Fallerzähler sich nach dem Spontanbericht nicht in der Lage sieht, eine Schlüsselfrage zu formulieren, schlägt der Moderator vor, die Schlüsselfrage gemeinsam zu (er)finden. Er bittet die Berater, fünf Minuten lang Ideen für eine zum Thema passende Schlüsselfrage zu sammeln. Hier kommt es nicht darauf an, eine „richtige“ Schlüsselfrage zu finden, sondern vielmehr darauf, dem Fallerzähler viele unterschiedliche Schlüsselfragen anzubieten, aus denen er eine für sich passende auswählen kann. Am Ende des Schlüsselfragen-Brainstormings wendet sich der Moderator an den Fallerzähler und erkundigt sich, welche der genannten Schlüsselfragen für ihn passend erscheint.

Resonanzrunde
In der Resonanzrunde äußern die Anwesenden, was sie selbst empfunden haben und was in ihnen gedanklich vorging, als sie dem Spontanbericht des Fallerzählers zuhörten. Es geht hier nicht um eine Ideensammlung oder um Ratschläge an den Fallerzähler, sondern nur um Gefühle und Gedanken als Reaktion oder Resonanz auf den Fallbericht. Die genannten Empfindungen der Teilnehmer können dem Fallerzähler Hinweise auf verschiedene Facetten seiner Erzählung geben. Oftmals erhält der Fallerzähler Anteilnahme und Verständnis für seine Lage, das stärkt ihm den Rücken.

Gute Ratschläge
Auf Ratschläge reagieren wir oft mit innerem Unwillen, vor allem dann, wenn sie ungefragt erteilt werden. Bei dieser Methode geht es jedoch ausdrücklich darum, dem Fallerzähler sowohl ernst gemeinte als auch wilde Ratschläge zu erteilen. Eine Bedingung ist daran geknüpft: Die Berater müssen jeden ihrer Ratschläge formelhaft einleiten mit „Ich gebe dir den Ratschlag, dass ...“ „Ich empfehle dir ...“ „Mein Tipp an dich ...“ Durch diese Formeln wird unterstrichen, dass es sich nicht um versteckte Empfehlungen handelt und der Fallerzähler behält das Recht, Ratschläge abzulehnen oder anzunehmen.

Es gibt noch eine Vielzahl weiterer Methoden, aber die oben genannten sind meines Erachtens diejenigen, die in der Fallberatung von Hundetrainingssituationen am effektivsten und einfachsten angewandt werden können.

Phase 5: Beratung

Die Berater beraten den Fallerzähler zu seiner Schlüsselfrage nach den Prinzipien der Methode, die in der vorherigen Phase ausgewählt wurde. Ein Protokollant (Moderator oder Berater) notiert die Beiträge der Berater mit, damit der Fallerzähler sich auf die Inhalte konzentrieren kann. Der Fallerzähler hört in dieser Phase nur zu und lässt die Ideen der Berater auf sich wirken. Der Moderator wacht über die Einhaltung des Zeitrahmens von etwa zehn Minuten. Er achtet darauf, dass die Berater nur einen Beitrag pro Wortmeldung abgeben und die Beiträge nicht zu schnell hintereinander erfolgen.

Phase 6: Abschluss

Der Moderator wendet sich dem Fallerzähler zu und fragt, welche Ideen der Berater er bedenkenswert und hilfreich in Bezug auf die Schlüsselfrage findet. Der Fallerzähler nimmt Stellung zu den aus seiner Sicht hilfreichen Anregungen und bedankt sich abschließend für die Unterstützung durch die Berater.

Hiermit endet der Zyklus der kollegialen Beratung. Ich empfehle, die Fallschilderung und die Notizen und Ergebnisse auf einem Flipchartpapier zu notieren. So kann der Fall im Anschluss mitgenommen werden und der Fallerzähler kann bei Bedarf immer wieder darauf zurückgreifen.

Für eine kollegiale Beratung rechnet man etwa 30–45 Minuten.

Kollegiale Beratung mit weniger Personen

Ihre Hundeschule hat nur wenige Trainer oder Sie sind alleine und haben kein Team, mit dem Sie die kollegiale Beratung durchführen können? Es gibt mehrere Möglichkeiten, wie Sie in etwas abgeänderter Form dennoch beratende Unterstützung erhalten.

Bei weniger als vier Trainern können Sie eine Rolle doppelt vergeben. Ein Berater ist gleichzeitig auch Moderator. Der Fallerzähler trägt sein Anliegen vor. Der Moderator unterstützt dabei, schlüpft gleichzeitig aber auch in die Beraterrolle und unterstützt – je nach Methodenwahl – mit Ratschlägen und Ideen.

Sollten Sie nur zu zweit sein, handelt es sich zwar nicht mehr um die oben beschriebene kollegiale Beratung nach Tietze. Dennoch können Sie auch zu zweit in die Beratung gehen und sich austauschen. Hier ist ebenfalls zu empfehlen, dass derjenige, der den Fall vorträgt, dies schriftlich tut und die Ist-Situation stichpunktartig aufführt. Nun stellt er seine Schlüsselfrage und überlegt mit dem Berater zusammen, welche Möglichkeiten es zur Lösung gibt. Diese werden ebenfalls schriftlich festgehalten. Sie werden sehen, dass dem Fallerzähler während der Besprechung selbst plötzlich Ideen kommen, die er vorher noch nicht hatte.

Eine weitere Möglichkeit, die kollegiale Beratung durchzuführen, ist im Rahmen eines Trainerstammtisches. Hier treffen sich Trainer aus unterschiedlichen Hundeschulen der Region zum Austausch. Warum nicht auch zur kollegialen Beratung? Bei Ihnen gibt es keinen Trainerstammtisch? Dann rufen Sie doch einen ins Leben und laden Sie Trainer Ihrer Region zum gemeinsamen Austausch ein.

Eine weitere Möglichkeit zur unterstützenden Fallberatung ist es, sich in sozialen Netzwerken auszutauschen. So gibt es zum Beispiel bei Facebook unterschiedliche Trainergruppen, in denen regelmäßig Fälle geschildert werden und andere Trainer Lösungsvorschläge machen und mit Ratschlägen unterstützen. Sicherlich ist diese Möglichkeit nicht zu vergleichen mit der strukturiert geführten Sechs-Phasen-Beratung, aber dennoch eine Alternative, um schnell von mehreren Trainern Ideen und Lösungsansätze zu bekommen.

Verschiedene Methoden im Fallbeispiel

Phase 1: Verteilung der Rollen

Die Gruppe besteht aus vier Hundetrainern unterschiedlicher Hundeschulen, die sich im Rahmen eines Trainerstammtisches regelmäßig kollegial beraten. Trainer A möchte dieses Mal gerne einen Fall vortragen, Trainer B ist der Moderator und Trainer C und D sind die Berater.

Phase 2: Schilderung des Falls

Trainer A: „Ich betreue seit vier Monaten eine Familie mit einem dreijährigen Weimaraner-Rüden. Yuma kam als Welpe in die Familie. Der Mann nimmt ihn mehrmals in der Woche mit zum Joggen und fährt Rad mit ihm. Die Frau ist in einer Hobby-Agility-Gruppe und nimmt zweimal wöchentlich in einer örtlichen Hundeschule an einem Grundgehorsamskurs teil, weil er immer noch sehr an der Leine zieht. Die 14-jährige Tochter versteckt für Yuma in der Wohnung und im Garten Leckerchen, die er suchen darf, oder wirft Bälle, die er apportiert. Er darf sich überall im Haus frei bewegen. Sein Körbchen hat er im Wohnzimmer, er liegt aber meistens im Flur zwischen Haustür und Durchgang zur Küche und Wohnzimmer.

Die Familie hat sich an mich gewandt, da Yuma seit sechs Monaten zu Hause jault und bellt und nur schwer zur Ruhe kommt. Sie finden keinen Grund dafür, da er ihrer Meinung nach genügend ausgelastet ist und früher zu Hause auch ruhig und ausgeglichen war. Ich habe angefangen, das „Freizeitprogramm" des Hundes zu reduzieren, da er sehr aufgedreht scheint und fast gar nicht zur Ruhe kommen kann. Zusätzlich haben wir die Konditionierte Entspannung eingeführt. Es ist etwas besser geworden, aber in vielen Situationen, zum Beispiel wenn es an der Tür klingelt oder die Tochter durchs Haus rennt, dreht er sofort auf. Er liegt auch generell nicht lange ruhig auf seinem Platz, tigert häufig nervös durch die Wohnung und hört erst auf, wenn man ihn auf seinen Platz schickt."

Phase 3: Schlüsselfrage

Trainer A, Fallerzähler: „Was kann ich eurer Meinung nach noch tun, damit Yuma entspannter wird?"

Phase 4: Methodenwahl

Hier findet normalerweise die Auswahl einer der aufgeführten Methoden statt. Für das Fallbeispiel wende ich der Reihe nach alle Methoden einmal an.

Phase 5: Beratung nach der ausgewählten Methode

Ideen sammeln/Brainstorming
Trainer C und D werfen der Reihe nach Ideen in den Raum, die der Moderator Trainer B aufschreibt:

- Gesundheit des Hundes durch einen Tierarzt abklären lassen.
- Freizeitbeschäftigung drastisch einschränken, damit er entspannen kann.
- Ruhige Beschäftigungsmöglichkeiten wie Nasensuchspiele einführen.
- Versichern, dass die Konditionierte Entspannung richtig aufgebaut wurde.
- Einen Ruheplatz einführen, der nicht im Flur ist, sondern an einem Ort, an dem der Hund wirklich entspannen kann.
- Eventuell eine Box anschaffen, in die sich der Hund zurückziehen kann (nicht einsperren!) und sich geborgen fühlt.
- Tagesablauf so gut wie möglich strukturieren, um ihn für den Hund absehbar zu machen.
- Einführung Thundershirt für sehr nervöse, unruhige Momente.

- Tagebuch führen, um genau zu sehen, nach welchen Aktivitäten Yuma nur schwer zur Ruhe kommen kann.
- Rituale einführen, um dem Hund Sicherheit zu geben.
- Futter überprüfen und auf geeignete Futterzusammensetzung achten.
- Keine unkontrollierten Ballspiele, ruhigere Alternativbeschäftigung suchen.
- Impulskontrolltraining.

Kopfstand-Brainstorming
Die Schlüsselfrage wird umgekehrt:
„Was kann ich eurer Meinung nach noch tun, damit Yuma unruhiger und nervöser wird?"

Kopfstand-Antworten:
- Das Trainingspensum erhöhen.
- Ihm möglichst wenig Ruhe geben.
- Hochleistungsfutter füttern.
- Noch eine weitere Hundesportart belegen.
- Wilde Balljunkie-Spiele.
- Auf Tierarzt-Check verzichten.
- Ihn regelmäßig beim Schlafen stören.

Nun werden die Antworten wieder umformuliert:
- Das Trainingspensum einschränken und minimieren.
- Genügend Zeit zum Entspannen geben.
- Das Futter an die Auslastung anpassen.
- Keine weitere zusätzliche Hundesportart.
- Keine wilden unkontrollierten Ballspiele.
- Tierarzt-Check.
- Beim Schlafen in Ruhe lassen.

Schlüsselfrage (er)finden
Trainer C und D:
„Ist die übermäßige Beschäftigung schuld an der Unruhe von Yuma?"
„Können gesundheitliche Defizite ein Grund für Yumas Verhalten sein?"
„Sollte Yuma weiterhin unkontrollierte Ballspiele machen dürfen?"
„Wie entscheidend ist der ‚Ruheplatz' im Flur für Yumas Nervosität?"
„Warum wirkt sich die Konditionierte Entspannung nicht besser auf das Verhalten aus?"
„Wie sollte die wöchentliche Beschäftigung für Yuma aussehen, damit er ruhiger wird?"
„Welche Faktoren spielen bei Yumas Unruhe eine Rolle?"

Resonanzrunde
Trainer C und D:
„Ich habe das Gefühl, die Familie meint es zu gut mit Yuma. Jeder will ihn beschäftigen und damit ist er völlig überfordert."
„Ich denke, die Familie hat die Auffassung, je mehr Beschäftigung, desto ruhiger der Hund."
„Meiner Meinung nach will die Familie alles tun, damit es dem Hund gut geht, und sieht den Fehler der zu vielen Beschäftigung noch nicht so richtig."
„Ich glaube, die Familie hat wenig theoretisches Hundewissen."
„Ich denke, es könnte eventuell auch ein Vorfall im Haus gewesen sein, dass Yuma dort nicht mehr zu Ruhe kommt."
„Ich habe den Eindruck, die Familie ist bereit, alles zu tun, um dem Hund zu helfen."

Gute Ratschläge
Trainer C und D:
„Ich empfehle dir, die Gesundheit des Hundes durch einen Tierarzt abklären zu lassen."
„Mein Tipp ist, die Freizeitbeschäftigung drastisch einzuschränken, damit er entspannen kann."
„An deiner Stelle würde ich ruhige Beschäftigungsmöglichkeiten wie Nasensuchspiele einführen."

„Ich schlage dir vor, dich zu versichern, dass die Konditionierte Entspannung richtig aufgebaut wurde."
„Ich empfehle dir, einen Ruheplatz einzuführen, der nicht im Flur ist, sondern an einem Ort, an dem der Hund wirklich entspannen kann."
„Mein Tipp ist, den Tagesablauf so gut wie möglich zu strukturieren, um ihn für den Hund absehbar zu machen."

Phase 6: Abschluss

Trainer B, Moderator: „Welche Ideen und Anregungen haben dir weitergeholfen?"
Trainer A, Fallerzähler: „Eure Ausführungen haben mich bestärkt, mit der Familie nochmals über die vielen Aktivitäten zu sprechen, die sie mit Yuma unternehmen, und diese weiter einzuschränken. Ich werde auch noch mal überprüfen, ob die Konditionierte Entspannung wirklich richtig aufgebaut wurde, und einen Tierarzt-Check empfehlen. Vielen Dank für eure Ideen!"

Service

Dank der Autorin

Ich danke allen, die dazu beigetragen und mich unterstützt haben, dass dieses Buch entstehen konnte: bei meiner Familie und Freunden, die Verständnis hatten, dass meine Freizeit während der Schreibens etwas knapper war, und bei Thomas Riepe, der mich mit der Idee unterstützt hat, dieses Buch zu schreiben. Außerdem danke ich Professor Dr. Dietmar Lehr und Lars Oliver Rekittke für unvergessliche Rhetorik-Seminare, in denen ich so viel lernen konnte. Danke auch an alle, die beim Shooting für das Buch mit ihren Hunden mitgewirkt haben, und Dank natürlich den Fotografinnen Sandra Schumacher und Melanie Filies von blende11 Fotografen.

Auch Frau Gutmann und Frau Brinkmann vom Ulmer Verlag danke ich herzlich für die Unterstützung und Begleitung bei der Entstehung dieses Buches.

Über die Autorin

Alexandra Hansch ist geboren und aufgewachsen in Rheda-Wiedenbrück in Ostwestfalen. Von Kindesbeinen an haben sie Hunde und deren Verhalten interessiert. Ihr kynologisches Wissen hat sie sich in einer Ausbildung zur Hundepsychologin n. T. R und Hundetrainerin an der Kölner Hundeakademie sowie in vielen weiteren Seminaren angeeignet. Sie ist Mitglied der „Bildungsgemeinschaft Hund“ sowie der Hundetrainer-Gemeinschaft „Trainieren statt dominieren“ und Inhaberin der Hundeschule „Freizeit mit Hund“.

Hauptberuflich ist Alexandra Hansch in der Erwachsenenbildung tätig. Diese Verbindung aus kynologischem Wissen und menschlicher Kommunikation hat die Idee zu dem Buch entstehen und wachsen lassen. Immer an ihrer Seite sind die Beagle-Hündin Holly und der Podenco-Terrier-Mischling Luca. In ihrer Freizeit ist sie am liebsten mit ihren Hunden und der Kamera früh morgens im Wald unterwegs.

Kontaktdaten:
www.freizeit-mit-hund.com
Facebook: Freizeit mit Hund

Literatur

del Amo, Celina/Theby, Viviane: Handbuch für Hundetrainer. Verlag Eugen Ulmer, Stuttgart 2017

Birkenbihl, Vera F.: Fragetechnik ... schnell trainiert. 21. Auflage. mvg Verlag, München 2016

Birkenbihl, Vera F.: Kommunikationstraining. mvg Verlag, München 2013

Birkenbihl, Vera F.: Trotzdem lernen. 8. Auflage. mvg Verlag, München 2016

Bredemeier, Karsten/Neuman, Reiner: Nie wieder sprachlos. mvg Verlag, München 2000

Hertzer, Karin: Rhetorik im Job. Gräfe und Unzer Verlag, München 2005

Holst, Christine: Warum tut der Hund, was er tut? Anamnese-Leitfaden für Hundetrainer. Verlag Eugen Ulmer, Stuttgart 2017

Kießling-Sonntag, Jochem: Zielvereinbarungsgespräche. Cornelsen Verlag, Berlin 2008

Niermeyer, Rainer: Motivation. Instrumente zur Führung und Verführung. Rudolf Haufe Verlag, Freiburg 2007

Pöhm, Matthias: Präsentieren Sie noch, oder faszinieren Sie schon? mvg Verlag, München 2006

Radatz, Sonja: Einführung in das systemische Coaching. 4. Auflage. Carl-AuerSysteme Verlag, Heidelberg 2010

Stromann, Nina: Coconut Life. tredition Verlag, Hamburg 2016

Tietze, Kim-Oliver: Kollegiale Beratung. 8. Auflage. Rowohlt Verlag, Reinbek 2003

Wagner, Helmut: Perfekt sprechen. Carl Hanser Verlag, München 2007

Bildquelle

Alle Fotos im Innenteil und auf dem Umschlag stammen von blende11 Fotografen.
Die Zeichnungen fertigte Susanne Dinkel (www.dinkel-ilustrationen.de) nach Vorlagen der Autorin.

Titelbild: blende11 Fotografen.

Impressum

Die in diesem Buch enthaltenen Empfehlungen und Angaben sind von der Autorin mit größter Sorgfalt zusammengestellt und geprüft worden. Eine Garantie für die Richtigkeit der Angaben kann aber nicht gegeben werden. Autorin und Verlag übernehmen keine Haftung für Schäden und Unfälle. Bitte setzen Sie bei der Anwendung der in diesem Buch enthaltenen Empfehlungen Ihr persönliches Urteilsvermögen ein.
Der Verlag Eugen Ulmer ist nicht verantwortlich für die Inhalte der im Buch genannten Websites.

Bibliografische Information der Deutschen Nationalbibliothek
Die Deutsche Nationalbibliothek verzeichnet diese Publikation in der Deutschen Nationalbibliografie; detaillierte bibliografische Daten sind im Internet über http://dnb.d-nb.de abrufbar.

Wollgrasweg 41, 70599 Stuttgart (Hohenheim)
E-Mail: info@ulmer.de
Internet: www.ulmer.de
Lektorat: Bettina Brinkmann, Claus Keller
Herstellung: Birgit Heyny
Umschlag-Konzeption: Ruska, Martín, Associates GmbH, Berlin
Umschlag-Gestaltung: Verlag Eugen Ulmer
Satz: r&p digitale medien, Echterdingen
Reproduktion: timeRay Visualisierungen, Jettingen
Druck und Bindung: Friedrich Pustet GmbH & Co. KG, Regensburg
Printed in Germany

ISBN 978-3-8186-0376-2

Hier können Sie weiterlesen.

Handbuch für Hundetrainer.

Celina del Amo, Viviane Theby (Hrsg.).

3., akt. und erw. Auflage 2017.

375 Seiten, 120 Farbfotos,

12 Zeichnungen, geb.

ISBN 978-3-8001-0920-3.

Dieses Handbuch bietet einen breiten Überblick über die fachlichen Inhalte, die jeder Hundetrainer als Arbeitswerkzeug stets parat haben sollte. Ob Verhaltensbiologie, Lerntheorie oder die Kommunikation mit dem Kunden – hier bleiben keine Fragen offen. Die namhaften Autorinnen und Autoren wenden sich dabei sowohl an angehende als auch an erfahrene Hundetrainer und beleuchten die Herausforderungen des Hundetrainings umfassend und auf Basis neuster wissenschaftlichen Erkenntnisse.

Lösungswege für Hundeprofis.

Warum tut der Hund, was er tut?

Anamnese-Leitfaden für Hundetrainer. Christine Holst. 2017.
176 Seiten, 54 Farbfotos,
27 Zeichnungen, geb.
ISBN 978-3-8001-0854-1.

Jedes erfolgreiche Hundetraining verlangt nach einem tiefgreifenden Verständnis sowohl des Hundes als auch des Menschen. Christine Holst zeigt auf Basis neuster wissenschaftlicher Erkenntnisse, wie Sie die Ursachen für „Problem"-Verhalten bei Hunden analysieren, den Hund so besser verstehen und folglich ganzheitliche Therapie- und Trainingskonzepte entwickeln können. Mit einem Vorwort von Günter Bloch und einem Nachwort von Dr. Dorit Urd Feddersen-Petersen.